汉语动物
词汇研究

◎ 周晓燕　著

哈爾濱工業大學出版社
HITP
HARBIN INSTITUTE OF TECHNOLOGY PRESS

内 容 简 介

本书共分6章。第1章"绪论"部分介绍了动物词的分类和来源、研究的目标与方法以及研究的意义。第2章"动物词研究现状"将近年来动物词的研究成果进行归纳与分析。第3章"动物词造词法"在汉语命名理据研究和造词法研究的基础上,结合古今动物词的特点,将其造词法分为拟音、衍生和合成3类。第4章"动物词构词法"重点分析合成动物复音词的构成方式及其语义特点。第5章"动物词义研究"从词义类型和发展趋势两个角度分析阐释动物词的词义特点,从词汇意义、色彩意义和语法意义3个层次理解动物词的词义;通过临时意义的约定俗成和修辞意义的约定俗成两条路径去分析动物词义引申和发展的规律。第6章"动物词与民族文化"探讨了动物词与民族文化之间的相互作用。

本书适合作为汉语词汇、汉语造词法及汉语构词法学习与研究的参考书籍,同时也适合作为汉语学习、汉语研究或中国传统语言文化以及生物学等相关学科的学习者、研究者与爱好者的阅读书目。

图书在版编目(CIP)数据

汉语动物词汇研究/周晓燕著. —哈尔滨:哈尔滨工业大学出版社,2023.6(2025.6重印)
ISBN 978-7-5767-0868-4

Ⅰ.①汉… Ⅱ.①周… Ⅲ.①动物-汉语-词语-研究 Ⅳ.①Q95-61

中国国家版本馆CIP数据核字(2023)第108432号

汉语动物词汇研究
HANYU DONGWU CIHUI YANJIU

策划编辑 杨明蕾 刘 瑶
责任编辑 张 颖 那兰兰
出版发行 哈尔滨工业大学出版社
社 址 哈尔滨市南岗区复华四道街10号 邮编150006
传 真 0451-86414749
网 址 http://hitpress.hit.edu.cn
印 刷 哈尔滨圣铂印刷有限公司
开 本 787 mm×960 mm 1/16 印张9.75 字数176千字
版 次 2023年6月第1版 2025年6月第2次印刷
书 号 ISBN 978-7-5767-0868-4
定 价 68.00元

前　言

本书讨论的动物词分为两类：一是用来称说动物的名词；二是以动物词、动物身体部位或其出产物名称作为构词语素而衍生出的词。在广泛搜集散见在历代经学、小学、农书、本草、史书、方志、谱录、类书、志怪、笔记、诗词歌赋等各类文献以及现代汉语中的动物词的基础上，力求对动物词的命名理据、构成方式、语义特征和语用特点进行分析，力争从中窥见汉语动物词传承与发展的一般规律和新词生成的一般特点。除此以外，我们将重点关注动物词与民族文化之间的相互作用，立足于民族文化和本民族的思维习惯，从现代语言学角度对汉语中的动物词进行语义、语法、语用相结合的研究。

本书共分6章。第1章“绪论”部分介绍了动物词的分类和来源、研究的目标与方法以及研究的意义。第2章“动物词研究现状”将近年来动物词的研究成果进行归纳与分析。第3章“动物词造词法”在汉语命名理据研究和造词法研究的基础上，结合古今动物词的特点，将其造词法分为拟音、衍生和合成3类。第4章“动物词构词法”重点分析合成动物复音词的构成方式及其语义特点。第5章“动物词义研究”从词义类型和发展趋势两个角度分析阐释动物词的词义特点。我们将从词汇意义、色彩意义和语法意义3个层次去理解动物词的词义；通过临时意义的约定俗成和修辞意义的约定俗成两条路径去分析动物词义引申和发展的规律。第6章“动物词与民族文化”探讨了动物词与民族文化之间的相互作用。其中的典故记录了古代社会动物与人们的密切联系：动物词经常作为詈词使用，并常常参与人名、地名的构造；动物词的使用是人们发泄主观情绪、表达个人情感的有效途径之一。

由于作者水平有限，书中可能存在一些不足之处，敬请读者批评指正。

作　者

2023年3月

目　　录

第1章 绪　　论

《汉语大词典》将“动物”解释为“自然界中生物的一大类,与植物相对,多以有机物为食料,有神经,有感觉,能运动。”《周礼·地官·大司徒》:“一曰山林,其动物宜毛物,其植物宜早物,其民毛而方。二曰川泽,其动物宜鳞物,其植物宜膏物,其民黑而津。三曰丘陵,其动物宜羽物,其植物宜核物,其民专而长。四曰坟衍,其动物宜介物,其植物宜荚物,其民皙而瘠。五曰原隰,其动物宜裸物,其植物宜丛物,其民丰肉而庳。”这是“动物”一词的最早用例。在古代,动物作为人类食物的重要来源、祭祀的用物、战争的工具、物候的标志,在先民的生产、生活中发挥了至关重要的作用。

1.1　动物词的分类

自然界中的动物数量众多、种类复杂,动物学家根据动物在形态、细胞、遗传、生理、生化、生态和分布等方面的特征将动物依次分为界、门、纲、目、科、属、种7个主要等级。1994年,王献溥在其论文中说:“当前被科学家正式命名和描述过的物种约140万种。”①新的物种还在不断地被发现。人们在不断地为动物界的新物种命名的同时,也在不断地以熟悉的动物为参照通过构造新词语来称说其他事物、表述其他现象。动物词为人类创造新词语提供了丰富的想象和运用空间,以动物名称作为构词语素而构成的词语举不胜举。这些丰富多彩的动物词,对于丰富汉语词汇、完善词汇系统有着非常重要的作用。

我们所讨论的动物词包括两类。

---

① 王献溥. 生物多样性保护与利用的主要研究方向[J]. 自然资源,1994(4):1-6.

第一类是用来称说动物的名词。如单音词“鱼”“鸟”“虫”“猫”“鸭”“虾”“羊”“狼”“兕”“猪”“鹿”“鱼”;复音词“蝈蝈”“蟾蜍”“蝴蝶”“蝙蝠”“蛤蚧”“鹧鸪”“鹰犬”“鲤鱼”“麻雀”“鸭子”“老虎”;多音词“布谷鸟”“毛毛虫”“沙丁鱼”;等等。按照语素的数量,可以分成单纯词和合成词两类。单纯词如“马”“牛”“龟”“龙”“蜘蛛”“骆驼”“狮子”“知了”“蚯蚓”“杜鹃”“鸬鹚”“猢狲”等,合成词如“苍蝇”“白蚁”“沙鸡”“司马”“虎贲”“老鼠”“老鹰”等。

第二类是以动物词、动物身体部位或其出产物名称作为构词语素而衍生的词。这类词都是非单音节词,且均为合成词。从语义上来看涉及社会生活的方方面面,有的用来指人,如“走狗”“可怜虫”“瓷公鸡”“地头蛇”“狗腿子”等;有的用来表示其他动物,如“蜂猴”“蜂鸟”“人鱼”“豺狗”“血吸虫”“狮子狗”等;有的用来指称植物或其果实,如“龙眼”“凤尾竹”“鸽子树”“狗尾草”“蟋蟀草”等;有的用来构成器物名称,如“猫眼”“马勺”“鹅卵石”“斑马线”“蛤蟆镜”“蝙蝠衫”等;有的用来表示天文学上的星座名称,如“天狼”“牵牛”“小熊座”“天鹤座”“双鱼座”“天蝎座”等;有的用来表达疾病名称,如“鸡瘟”“鼠疸”“兔唇”“田螺眼”“鱼鳞病”“疯牛病”等;有的用来构造地名或人名,如“九龙”“蛇口”“白虎堂”“黄鹤楼”“卧龙岗”“凤凰台”“张龙”“赵虎”“狗娃”“虎妞”等;有的用来表示人的身体部位,如“耳蜗”“丹凤眼”“鹅蛋脸”等;有的用来表示动物的出产物或身体器官,如“牛黄”“驴胶”“鱼鳞”“鸭蛋”“鸡腿”“鹅毛”“龟足”等。除了名词以外,还包含“鸟瞰”“蜂鸣”“龟缩”“蛇行”“狼顾”之类的动词和“蟹青”“猩红”“鹅黄”“鼠灰”“鸭蛋青”“鸡血红”“鹦哥绿”一类表示颜色的形容词。

1.2 动物词的来源

我们的语料分为古代和现代两部分。动物词在古代典籍中广泛分布于经学、小学、农书、本草、史书、方志、谱录、类书、志怪、笔记、诗词歌赋等各类文献中。张连伟(2011)说:“经学和小学以《诗经》《尔雅》《说文解字》及其注疏考证为代表,注重对森林动物名称的注释、疏证。农书中积累了大量物候知识,论及森林动物习性和活动规律;本草则从药物学的角度考察了森林动物的地理分布、生长特点和利用价值。史书与方志以时间和空间为维度,从纵横两方面记载了古代森林动物的变异、迁徙、分布等。谱录与类书主要是对森林动物史料的收录、分类和整理。志怪与笔记中包含着许多森林动物的逸闻趣事、神话传说,诗词歌赋则以艺术的形式再现了古代森林动物的习性特征、地理分布等。"①我们的研究所依据的语料以《诗经》《山海经》《尔雅》《说文解字》《释名》《本草纲目》为主,并辅以各时期各类型的文献典籍。

据刘丽华(2006)统计,《诗经》中涉及动物的篇章有175篇,其中国风83篇、雅77篇、颂15篇,大约各占风、雅、颂的51.9%、73.3%、37.5%。据清代学者顾栋高《毛诗类释》中的统计,《诗经》中有鸟43种、兽40种、虫37种、鱼16种、马的异名27种。另据孙作云统计,《诗经》中的动物共有109种,内含鸟类35种,兽类26种,虫类33种,鱼类15种。数目虽有差异,但都从一个侧面反映出《诗经》中的确存在着一个动物的王国。②《诗经》中出现大量动物名称,如虎、狼、貉、熊、象等兽类,鹗、黄鸟、雉、雀、伯劳、乌鸦等鸟类,蝉、蜂、蟋蟀、萤火、蝤蛴等昆虫。这些动物是后来经学家研究的重要内容。晋代陆玑《毛诗草木鸟兽虫鱼疏》,宋代蔡卞《毛诗名物解》、明代毛晋《诗疏广要》、明代冯复京《六家诗名物疏》、明代林兆珂《毛诗多识编》、明代沈万钶《诗经类考》、明代黄文焕《诗经考》、明代吴雨《毛诗鸟兽草木考》等对动物名称、外部特征、生长习性和日常用途等进行了考证与辨释。

《山海经》是一部具有独特风格的作品。由于记述恢怪,貌似荒诞不经,有人把它当作神话来研究,袁珂(2007)在《中国神话史》中说:"保存神话资料最丰富的一部书,自然不能不首推《山海经》。"③有人把它当作"信史"来对待,蒙文通、翁家烈、肖兵先、何光岳、陈天俊、徐南洲等人的文章都是从这一角度出发,他们认为《山海经》包含地理、历史、神话、天文、历法、气象、动物、植物、矿产、医药、宗教、考古,以及人类学、民族学、海洋学和科技史等诸多方面的内容。据贾雯鹤(2004)统计,《山海经》中共包含鸟名117个,兽名172个,虫名24个,鱼名(水生动物)77个。关于《山海经》的成书时间,贾雯鹤综合各家意见得出的结论是,《山海经》非一时之作,其成书上限是战国初年或中年,下限是战国末年。④

① 张连伟. 中国古代森林动物文献史料述要[J]. 湖南科技学院学报,2011,32(3):75-79.

② 刘丽华.《诗经》动物物象探微[D]. 西安:陕西师范大学,2007.

③ 袁珂. 中国神话史[M]. 重庆:重庆出版集团,2007.

④ 贾雯鹤.《山海经》专名研究[D]. 成都:四川大学,2004.

《尔雅》《说文解字》《释名》中有关动物词的部分，也是人们重点关注的。《尔雅》作为我国最早解释词义的专著，是古代经学的重要组成部分，该书对经书中所记载的草、木、鱼、虫进行了系统的解释，建立了虫、鱼、鸟、兽四大分类系统，记载了大量野生动物的形态特征和生活习性，对人们系统地了解经书中的动物有极大的帮助。《说文解字》和《释名》的着力点虽然不在动物词，但它们对字形的说解，对命名理据的探索对人们的研究有很大帮助。

明代李时珍在《神农本草经》《名医别录》《唐本草》《嘉祐补注本草》《政和重修经史证类本草》等药书的基础上荟萃众说，考订谬误，删繁补缺，著《本草纲目》52 卷，该书收载药物 1 892 种，是一部集明代以前药物学大成的巨著。《释名》汇聚了大量名物探源、训诂的精华，它把药物分为矿物药、植物药和动物药三类。其中，第 39 卷到第 51 卷共记载 400 多种动物药，按低级向高级进化的顺序排列为虫部、鳞部、介部、禽部、兽部、人部 6 部。每一大类下面又分若干小类，如禽部又分水禽、原禽、林禽及山禽 4 类，兽部分为家养动物、野生动物、山林动物和神怪动物。这些药品或为完整的动物体，如蟾蜍、蜈蚣、斑蝥、水龟、鸡、犀等，或为动物机体的组成部分或产物，如鱼鳞、蝉蜕、蜂蜜、牛黄、醍醐、阿胶等。书中不局限于动物药的药性和用法，还考释其名称、种类，考证动物生活习性和地域分布，对于全面了解动物有很大的帮助。

对于现代汉语部分的语料，作者检索了《现代汉语词典》(第 7 版)和《倒序现代汉语词典》全文，收录了其中的动物词，并辅以北京大学中国语言学研究中心——CCL 语料库，另以在中国期刊全文数据库、人民网、《人民日报》、百度与谷歌等检索到的网络语料为辅助材料。对于动物词的语料在选取过程中，严格把握字与词的区别，如“灯虎”一词，《儿女英雄传》第二十二回：“你听罢，甚么古记儿，笑话儿，灯虎儿，他一肚子呢！”这里的“虎”同“唬”，威吓的意思，“灯虎”即灯谜。再如“虎魄”同琥珀。这两个词与动物“虎”没有联系，因此不列在考察范围之内。词条释义以《现代汉语词典》(2005 版)的释义为主，辅以《汉语大词典》，文中出自这两部词典的释义不另加说明。另外，在对特定词语进行讨论时还参考了《现代汉语常用八千词》《辞源》《近代汉语词典》《佛源语词词典》《应用汉语词典》等工具书。

1.3 动物词研究的目标与方法

1.3.1 研究目标

语言是一个严整的符号系统,词汇是这个系统中的一个子系统,动物词由于其独特的构成要素,是汉语词汇中饶有特色的一个聚合群。动物词几乎分布在各种类型的文献典籍中,渗透于人们生活的各个角落。通过搜集与整理,发现动物词中名词占绝大多数,动词、形容词占一小部分,副词只有屈指可数的几个,并且动词、形容词、副词都是在名词的基础上创造出来的。除了名词、动词、形容词、副词外,动物词没有其他类型的词。本节将在了解命名理据的基础上分析动物词的造词方式和结构类型。

动物词的意义得到重点关注。基于动物本身的实体性,无论是指称具体事物还是行为状态,动物词的理性意义都很清晰。有一部分动物词的构造是建立在动物的形态或声音等外在特点的基础上,因而富有鲜明的形象色彩。基于动物自身的身形体态、生活习性和民族文化,动物词往往承载着人们的喜恶和偏好,因而又带上了强烈的感情色彩。动物词所呈现的语体色彩、时代色彩、民族色彩、地方色彩、外来色彩也得到关注。汉语方言中存在着许多生动形象的动物词,充实了汉语动物词。有些动物词在运用的过程中,通过隐喻或换喻的方式产生了引申义,有些动物词基于上下文的语言环境发挥了新的句法功能,进而成为兼类词,这些发展变化中的动物词是人们关注的焦点。

由于民族区域、生态环境的区别,文化积累和传播方式的差别,社会生活形式、经济发展方式的差异,各个民族的文化也会呈现出鲜明的个性特征。本书着眼于民族文化与动物词之间的相互作用。例如:汉族及各兄弟民族中广泛流传的神话传说、历史典故直接影响着动物词的结构方式和表达功能。社会集团往往把主体的价值评价观念和情感的好恶附加到动物体上,使动物也有贵贱之分和褒贬之别。人们在情绪激动而普通语言难以表达其心情时,常常借助动物词来宣泄情绪、平衡心理,动物词的詈骂功能是非常突出的。人名、地名既是一种文化现象又是一种语言现象,那些人名、地名中的动物词体现出人们是如何感知与评价动物的。民族文化心理对音节结构和文字形体的影响也体现在动物词上。

本书的最终目标是力求对动物词的命名理据、构成方式、语义特征和语用特点进行分析，力争从中窥见汉语动物词传承与发展的一般规律，以及新词生成和词义发展的一般特点。除此之外，将重点关注动物词与民族文化之间的相互作用，立足于民族文化和民族思维习惯，对汉语中的动物词进行语义、语法、语用相结合的研究。

1.3.2 研究方法

1. 对比分析研究法

对比作为人类认知外部世界的基本方法，是在语言研究中应用最广泛的方法之一，也是在无限的语言现象中找寻和挖掘语言本质特征的可靠方法。本书通过对动物词与其他普通名词进行比较，以及对不同方言、不同历史时期的动物词进行比较，揭示动物词的普遍特征和个性色彩。

2. 描写与解释相结合

描写使人知其然，解释使人知其所以然；描写是解释的基础，解释是描写的升华。本书采用描写与解释相结合的方法，对动物词的构造方式和语义特点进行描写和说明，并力争用现代语言学理论来阐释隐藏在动物词背后的某些深层规律。同时，以文化语言学和社会语言学的视角来分析汉语中动物词在语义、语用、语法上所表现出的共性特征与个体差异。

3. 静态与动态相结合

聚焦于整个动物词汇群的造词、构词、语义、语用特征，立足于现代汉语这个共时层面，对研究对象不仅进行静态的描写，还结合其动态的使用情况进行深入的考察和分析。同时，还将重点关注这些词语的构造方式和语义特点的历史来源及发展机制，始终贯彻“史”的观念。

4. 定性和定量相互结合、相互参照，以定量分析为手段，以定性分析为目的

定性分析法虽描写和揭示语言现象内在的规律性，通过相关数据的比较，科学而直观地了解语言现象生成和演变的基本规律，增强研究结果的科学性和可信度。

1.4　动物词研究的意义

自然界中存在着种类繁多的动物,它们的存在大大丰富了地球的物种,是地球维持生态平衡的重要链条之一。在人类社会漫长的发展与进化过程中,动物和人类始终相依相伴,是人类最亲密的朋友,在人们的生产、生活中发挥着举足轻重的作用。动物产品是人类重要的衣食来源,一些动物还被赋予神性、灵性进而受到人类的膜拜,承担着一定的社会功能。人类在自身生存繁衍发展的过程中所形成的文化积淀和各民族所独有的思维特征也直接作用于动物,使动物身上承载了丰富的文化内涵,由此产生的大量神话传说和寓言故事均被刻上了文化的印记。民族心理和民族思维特征直接影响着动物词的结构方式与表达功能。

词汇是一种直接与民族生活习惯、传统伦理观念、思维特征密切相关的语言要素。动物词是词汇系统中相对开放的一类特殊聚合群。词汇系统中那些与动物相关的事物、行为、形状的表达则体现了在客观世界中人们是如何看待人类与自然、人类与动物、动物与自然界之间的密切关系的。在特定的历史时期,有些动物在人们的生产、生活中发挥着重要的作用,随着社会的发展和环境的改变,动物自身的社会功能也发生了转变。与这些动物有关的词在语言中留下了深深的烙印,从一个侧面记录下与之相关的时代特征和生产水平。千姿百态的动物及其各不相同的外形特征,给人类带来了无限的遐想和无尽的启迪,许多科学发明和创造应运而生,与此对应的动物词也越来越多。

语言中对某种动物的描写越具体,分类越细致,说明其与人类的关系越亲密。这种密切关系反作用于词汇系统,表现为新词大量产生,多义词不断涌现。那些形象鲜明、生动活泼的动物形象词大大地丰富了词汇系统,一些动物词在运用过程中,通过联想和比喻产生了新的含义,使动物词的词义由单一到复杂。汉语动物词充足的数量和丰富的词义决定了对其进行词汇研究的意义与价值。关于动物词的研究主要集中在文化内涵、隐喻认知和翻译策略3个维度内,在聚焦动物词所承载的文化信息的同时,也应该看到它们在词汇学上的研究价值。因此,立足于民族文化和本民族的思维习惯,从现代语言学角度对汉语动物词的造词机制、构词方式、语义生成与演变、文化职能与社会功效进行立体化的透视有着深远的现实意义。

本书将在综合运用训诂学、文字学、词汇学、语义学、认知语言学、社会学、民俗学、心理学、物理学等学科的相关理论、研究成果和研究方法的基础上，对动物词进行全面、系统的研究，对动物词的语言特质进行较为全面的分析。将动物词作为一个有机的整体，克服以往动物词研究角度偏狭、系统性差，仅对个别词语或仅从个别角度（如认知角度）进行探讨而缺乏整体思维和系统观念的不足。

通过对比分析、描写与解释相结合、静态与动态相结合、定性和定量相结合的研究方法全面而深入地对动物词的造词机制、构词方式、语义生成与演变、文化职能与社会功效进行描写，重点关注动物词与一般词语的区别，释析动物新词生成和语义构建的机制，能达到总结汉语词汇产生、发展、演变的一般规律的目的，从而有效地补充汉语词汇学、汉语语义学中的相关理论，这对教学、翻译与词典编撰等应用学科具有一定指导作用和价值。此外，动物词研究对于汉语其他词语聚合的相关研究具有一定的启示作用。

第 2 章　动物词研究现状

2.1　命名理据研究

汉语动物词的理据研究有着悠久的历史。《山海经》《尔雅》《说文解字》中都有涉及动物命名的声训材料。《山海经·南山经》:“有鸟焉,其状如枭,人面四目而有耳,其名曰颙,其鸣自号也。”《山海经·北山经》:“有鸟焉,其状如雌雉,而五采以文,是自为牝牡,名曰象蛇,其鸣自詨。”这里的“自号”“自詨”都是自我呼叫之义。《尔雅·释畜》:“黄白,騜。”《说文·牛部》:“犙,三岁牛。”《说文·马部》:“駙,副马也。”它们都自觉或不自觉地对动物命名原则进行了解释。

唐代颜师古也做过此方面的尝试,北宋陆佃的《尔雅新义》和《埤雅》专门解释名物,是对《尔雅》的补充。《埤雅》始于释鱼,继之以释兽、释鸟、释虫、释马、释木、释草,最后是释天。陆佃当时以讲说诗义著名。本书在解释名物时,也以引《诗经》中文句、推阐《诗经》义的为多。明代李时珍的《本草纲目》专设有“释名”部分,记载了 400 多种动物的名称,并附有异名。如《本草纲目·禽部》:“菌子,言味美如菌也。蜀人呼为鸡头鹘,南人呼为泥滑滑,因其声也。”《本草纲目·鳞部》:“此鱼延长,故从寻从覃,皆延长之义。”

近代学者王国维和刘师培对《尔雅》中的动物名词进行了系统研究。王国维的《尔雅草木虫鱼鸟兽释例》从语音特征和取象特点两个方面对动植物雅俗古今的命名规律进行了归纳,并总结了动植物同名异实的语言现象。刘师培的《刘申叔先生遗书·尔雅虫名今释》专门就《尔雅·释虫》中的动物名进行了归纳。他主张“名各有义”,即名称总有其命名之义,并将《尔雅》的虫类命名条例归纳为命名取义和语音因素两类,前者包括鸣声、形状、生时、能力、产地、颜色、形体、大小 8 种,后者包括音近、反切、合音和同名4种。

以名物研究为主导，动物词语的命名理据研究卓有成效。李海霞(2002)《汉语动物命名研究》尝试进行系统性的汉语实物命名研究，对动物名称的命名理据、特点和规律，以及命名与认知、文化等的关系进行了阐释。通过依托假物命名实验，指出绝大多数动物名的命名理据可以解说。李海霞提出了动物命名有四大原则：近似原则、区别原则、简洁原则和美的原则；她创造了名素分析法，并以此测得动物名称的名素体现着视觉优势和圆形优势；提出用“声象”这个术语来表示词的音义联系，主张用多对一的声训来释名，以减少偶然性；对约定俗成、音义联系、语源义、类名发展等问题提出了自己的意见；对传统释名方法进行了评述和反思。①

兰毅辉(1989)通过分析《本草纲目·释名》中的动植物名称，“初步探讨了中国古代的植物命名的方法，即‘类部+种部’的命名方法，其中类部表示该动物或植物隶属的类别，种部表示该动物或植物的属性，并将这种方法与林奈双名法进行了比较”。② 盛九畴(1993)将《木草纲目》本草药物名义联系分成十二类进行说解，指出：“‘释名’一目不只是药名的简单罗列，而是具有了词源学的价值。”“‘释名’一目的价值远远超出了药物名义的说解，对于一般实物名词的命名无疑具有普遍意义，是研究汉语词源学的一份宝贵遗产。”周路红(2001)运用训诂学解释词义的方法与历史文献进行对照，揭示了《本草纲目》中药名称命名与汉字字形、字义和药物的形、色、味、产地、功用等相关。③ 王建莉(2003)通过对《尔雅》中动物专名的分类研究，探寻了先民成长初期的原始思维特征。④ 在此基础上曹燕(2007)对《尔雅》动物专名的取象规律进行了总结，揭示了动物命名的规律与特点及其所蕴藏的中国古人的思维方式与特点，探讨了《尔雅》动物专名的异名问题，对异名的理据进行了考察。⑤ 与动物专名一样，植物专名也是历来名物研究的主体，谭宏姣(2004)的《古汉语植物命名研究》一文以古汉语植物名为研究对象，以历代对《尔

① 李海霞.汉语动物命名研究[M].成都：巴蜀书社，2002.

② 兰毅辉.从《本草纲目·释名》看中国古代动植物命名的方法[J].自然科学史研究，1989，8(2)：166-170.

③ 周路红.《本草纲目》释名探析[J].山西中西学院学报，2001(1)：14-15.

④ 王建莉.《尔雅》动物专名的原始特征[J].汉字文化，2003(2)：47-50.

⑤ 曹燕.《尔雅》动物专名研究[D].呼和浩特：内蒙古大学，2007.

雅》草木篇的注释、增补、考释的内容为主要研究材料，利用名素分析法对植物命名取象的取舍规律进行探讨，并从音义的联系、词的形成的角度对植物命名造词的方式方法进行细致的描写与归纳①，这些研究对于动物词研究有着方法论的意义。

2.2　训诂考释研究

作为中国传统的语文学——“小学”的一个分支，张永言(1985)说：“训诂学是主要从语义角度研究古代文献的一门学科。”②王宁(1996)也指出：“传统训诂学大量的成果是语义方面的，存在于训诂学中的单个词的分析、训释，对字源、词源的探讨和对虚词意义来源的追究，也都是围绕语义问题进行的。”③对古书中的动物词进行考释和说解是训诂学的重要研究任务之一。古人的记载有时不免掺杂传说，牵强附会，有些动物词的本真面目真假难辨，这些词所代表真实面貌一直笼罩着神秘的色彩。很多学者通过语言考释纠正了大型字词典部分词条释义的疏缪之处，并提出了大型辞书动物词条释义改进的意见。

也有学者通过其他途径进行考释得出对动物名实关系的科学认识，如周士琦(1991)根据《山海经》中关于孟极的形状、毛色、栖息地、习性和产地的描述，考证出孟极即今雪豹④；朱淑姣(2011)在前人研究的基础上，运用文化人类学方法，对夔纹、夔龙纹进行比较分析，她认为，夔纹是夔龙纹的早期形象，而不应该只是双足动物的侧面形象⑤；刘宗迪(2006)根据《山海经》对烛龙的方位、形象、神异的叙述，确定烛龙不是太阳，不是火神，不是开天地之神，而是星象⑥；黄家芳(2009)综合遗存实物及犀牛的生理习性等各种资料，指出“兕”与犀的在角、皮及生活习性等方面的区别，对“兕即犀牛“这一主流观点进行了批驳，认为“兕”是一种大独角、皮厚、外形似牛的群居动物，该动物在晋朝时已消失。⑦ 类似文章还有曾良的《“草

① 谭宏姣. 古汉语植物命名研究[D]. 杭州：浙江大学，2004.

② 张永言. 训诂学简论[M]. 武汉：华中工学院出版社，1985.

③ 王宁. 训诂学原理[M]. 北京：中国国际广播出版社，1996.

④ 周士琦.《山海经》“孟极”即“雪豹”考[J]. 中国科技史料，1991(2)：84-87.

⑤ 朱淑姣. 夔龙纹小考[J]. 河南商业高等专科学校学报，2011，24(2)：89-91.

⑥ 刘宗迪. 烛龙考[M]. //吕微，安德明. 民间叙事的多样性. 北京：学苑出版社，2006.

⑦ 黄家芳.“兕”非犀考[J]. 乐山师范学院学报，2009，24(3)：81-84.

马"探源》、王宗祥的《"色狼"释义商榷》、胡锦矗的《"大熊猫"名考索引》、况国高的《大蛇,上古人的事物和工具》等。

有些文章以动物词较多的文献作为语料,结合词汇学、语义学的研究方法,在分析古代文献中的训诂方法和条例时,也对动物词进行了分析和解读,强化了人们从训诂学的角度对动物词语的理解。相关的文章有王建莉的《〈尔雅〉在同义复合词研究中的利用价值》《〈尔雅〉的"求同"训解与"同一性"思想》《论〈尔雅〉同义词内部地位的不等同性》《〈尔雅〉辨释文化同义词的方法》《〈尔雅〉训诂形式与同义词的判定》《〈尔雅〉名物词的同义层次性》,黄潇潇的《〈本草纲目〉释名训诂探源阐微》,盛九畴的《〈本草纲目〉中"释名"的词源学价值》等。

2.3 隐喻认知和翻译研究

隐喻是人类认识事物的一种方式,是人类将其某一领域的经验用来说明或理解另一领域的经验的一种认知活动。近年来,随着认知语言学的快速发展和隐喻理论的广泛应用,基于民族文化的动物词的理解与感知成为人们关注的焦点之一。隐喻是以喻体和本体之间的相似性作为意义转移的基础的。在与动物频繁接触的过程中,人们会发现动物身上的某些特征和人或其他事物有相似之处,人类运用想象力把动物体的这些特征映射到人或其他事物对象上,就实现了不同概念间的意义转换。

动物词在《诗经》《山海经》等富有情景和感情色彩的文献中常常蕴含着丰富的动物意象,反映着先民对自然界的认识。例如:王青(2007)《浅说〈诗经〉中的鸟、鱼和鹿》一文指出在《诗经》中"鸟寄寓着思乡忧国,鱼和鹿则是家国和谐富足的象征。同时,它们又都与情爱、婚育和女性相关"。① 动物意象的生成很大程度上是伴随华夏各族深度融合和文化交流广泛展开的。随着文化的发展,龙、凤的形象越加丰富起来,那些与人们生活息息相关的牛、马、犬等也被赋予了浓厚的感情色彩。刘丽华(2006)《〈诗经〉动物物象探微》阐述了《诗经》中作为图腾崇拜的动

① 王青.浅说《诗经》中的鸟、鱼和鹿[J].铜陵学院学报,2007(2):82-84.

物“玄鸟”“熊罴”和作为情爱隐语的动物“鱼”“鹿”“狐”所传达的思想内涵和文化意蕴。① 宋志玛(2009)指出在《山海经》中出现的自然界中纯粹的蛇,以及异体合构的蛇都具有非凡的威力,包含了中国古代令人目眩的原始神话思维,体现了原始初民希望借助某种神异的力量来对抗和征服他们赖以生存和繁衍的恶虐的自然环境的思想。②

动物词与其联想意义间的相似性主要有动物特性映射、文化背景映射两大模块。首先,动物的外形特征、性格特征、生活习性、生存环境都直接影响着人们的思维走向。其次,民族文化传统和文化心理,包括神话、宗教、传说、文学、历史、艺术、地理环境、风俗习惯、思维方式、伦理道德、审美等也直接影响着隐喻的方向。随着不同民族间文化的交流、思想的碰撞,越来越多的人关注文化间的异同。不同民族间思维方式和生活习惯差异直接体现在对动物词的隐喻中。中国知网收录了2000年以来,将汉语中的动物词的隐喻与英语、俄语、韩语、泰国语及维吾尔语进行对比分析及翻译策略分析的期刊论文和学位论文200余篇。多数文章从个别动物词出发,采取以点带面、点面结合的方法剖析了由隐喻反映出来的文化差异,不同语言中动物词的隐喻既具有一定程度上的相似性,也在许多方面表现出文化的特殊性。

2.4　动物词汇群及造词、构词研究

根据不同标准可以将动物词归纳为不同的词汇群。王建莉(2004)从音、义两个方面进行考察,系联出词源义为“小”的诸多名物词,寻找到了这些词的命名理据,也将运用这一理据而构成的字系联到一起。如《尔雅・释兽》:“幺,幼。”“幺”指最后出生的小猪,郭璞注、宋邢昺疏《尔雅注疏》:“郭注:‘最后生者,俗呼为幺豚。’”“蟧”为一种小蟹,穴居海边或江河口泥岸。能伤害禾苗,损坏田埂堤岸。《尔雅・释鸟》:“桃虫,鷦。”“桃虫”为小鸟名,似黄雀而小,尾短。活动于低矮的灌木丛中,善于营巢。③ 谭宏姣(2003)在《古汉语动植物词中的主奴意识》中指出汉语中存在着大量的带“奴”字的动植物词,如“橘奴”“桃奴”“牛奴”“雁奴”,这说明

---

① 刘丽华.《诗经》动物物象探微[D].西安:陕西师范大学,2006.
② 宋志玛.谈《山海经》中的蛇形象[J].衡水学院学报,2009,11(2):33-35.
③ 王建莉.《尔雅》寓“小”于名词族考[J].汉字文化,2004(1):21-23.

在当时人们的认知中人与动植物以及动植物与动植物之间存在着利用与被利用的关系，动植物构成的社会在一定程度上成为古代社会的缩影。① 在另一篇论文中，谭宏姣(2003)在分析“胡”意义的基础上，归纳了“胡×”的4种词义：×之大者；来自胡地的×或胡人的×；像胡人的×；只表音无实意的词头。②

有些动物在人们的生产、生活中发挥着重要的作用，标记这些动物的词语也会在这种语言中留下深深的烙印。有些动物词在新兴的语言环境中或产生了引申义，或形成了新的聚合。李德龙(2001)介绍了网络词汇中的一批特殊的“动物词汇群”，并阐述了网络“动物词汇群”的构造特点和成因。③ 董银秀、靳琰(2008)指出动物词从单一的指称动物转变为具有科技语义的词汇，用以命名星座、疾病、植物、材料、设备、工具等，是人类隐喻认知思维在动物词汇语义扩展领域的体现，并分析了这种嬗变产生的认知机制。④ 王洪君(2005)指出了动物、身体两义场单字在搭配字的选择、两字组的转类方面的差异及其产生的原因。⑤

关于“蝴蝶”一词的来源和构成方式，也得到了大家的关注。刘萍(1999)指出“蝴蝶”本作“胡蝶”，“胡”乃“胡须”之义，后“胡”加类比偏旁“虫”演变为今天的“蝴蝶”⑥；严修鸿(2002)从形声字的谐声偏旁入手，得出“胡”为“大”义，“蝶”指“薄翼”的结论，“蝴蝶”即“有阔大而扁平翅膀的虫子”⑦；刘国潭、赖积船(2011)认为“蝴蝶”的“胡”根据它的腹部圆滚下垂的特征命名，“蝶”字是依据其翅膀的构造命名。⑧ 各家说法各有可取之处，均能自圆其说，作者支持“偏正式”的说法，其含义当为“有阔大而扁平翅膀的虫子”，蝴蝶从蛹变化为成虫，身体组织经过复杂的变化，经历了完全变态发育，因而成虫的形态构造、生活方式与蛹显著不同，“化茧成蝶”“羽化成蝶”说的就是幼虫由蛹经过蜕皮变化为成虫的过程，这也能够看出

---

① 谭宏姣.古汉语动植物词中的主奴意识[J].社会科学战线，2003(1)：262-264.

② 谭宏姣.古汉语植物名“胡×”式词义类型初探[J].西域研究，2003(3)：103-107.

③ 李德龙.网络“动物词汇群”及其成因网络[J].荆州师范学院学报，2001(3)：92-95.

④ 董银秀，靳琰.英语动物词嬗变科技语义的隐喻学阐释[J].牡丹江教育学院学报，2008(2)：33-34.

⑤ 王洪君.动物、身体两义场单字组构两字的结构模式[J].语言研究，2005，25(1)：1-11.

⑥ 刘萍.“蝴蝶”考[J].中国语文，1999(6)：450-453.

⑦ 严修鸿.也谈“蝴蝶”命名的理据[J].中国语文，2002(2)：153-155.

⑧ 刘国潭，赖积船.“蝴蝶”新考[J].当代教育理论与实践，2011，3(6)：118-119.

古人是以“幼虫”为参照和基础来认识“成虫”的。

王建莉(2004)对《尔雅》中复合词的分布及构成特点、训释特点、理据特点3个方面进行了较为全面的考察,解析该书编纂者对复合词的研究方法及认识程度,探究复合词理据的深层规律。① 晏颖、薛欢、黄文学(2010)通过对《本草纲目》中的双字格中药名称的构词法和构词能力较强的构词语素进行深入研究,发现定中格最多,联合格其次,联合格中词义为类义联合的词占多数,没有反义联合;复合词的词性构成多元化;构词能力较强的构词语素稳固性很高。② 断代或专书复音词研究中,常常可以见到动物词的身影,如程湘清的《先秦汉语研究》《两汉汉语研究》《隋唐五代汉语研究》,马真的《先秦复音词初探》,张艳的《〈尔雅〉双音词浅析》,陈建初的《〈释名〉释语中的复音词》等。

2.5　动物词语义研究

在以往的研究中较少涉及以动物词为主要研究对象的词汇学意义上的语义研究。王建莉(2008)以《尔雅》为语料,从哲学角度追寻了它的“求同”训解的思想根源与学术传统,分析了《尔雅》辨释同义词的3种方法:其一,围绕一个共义辨同中之异;其二,抓住主要异点辨同中之异;其三,结合文化义辨同中之异;另外,明确了“一义相同”确定的同义词的标准,其中不乏对动物词的分析。如《尔雅·释兽》:“䴴,如马,一角,不角者骐。”“䴴”“骐”形态不同,是同义词。《尔雅·释兽》:“甝,白虎。虪,黑虎。”“甝”与“虪”都指虎,“白”“黑”表明颜色有别。③ 王洪君(2005)通过对现代汉语语料库中穷尽收集的两字组实例的考察发现,动物义场单字及字组主要取“像×一样”的引申方式。④

---

① 王建莉.《尔雅》复合词的特点[J].语文研究,2004(4):38-41.

② 晏颖,薛欢,黄文学.《本草纲目》所见双字格中药名称的构词法[J].河北理工大学学报(社会科学版),2010,10(5):118-120.

③ 王建莉.《尔雅》辨释文化同义词的方法[J].广播电视大学学报(哲学社会科学版),2008(3):101-104.

④ 王洪君.动物、身体两义场单字及两字组转义模式比较[J].语文研究,2005(1):4-8.

2.6 动物词文化内涵研究

在动物词的隐喻认知和翻译研究中，不可避免地会涉及动物词的文化意义的介绍和不同民族动物文化的对比。另外，在下列著作中，也有专门章节论述汉语动物词与传统文化的密切关系。

苏新春《汉语词义学》的第十三章从“汉语动物词与汉族的物质生活世界”“汉语动物种属词与汉族的思维”“汉语动物词与汉族的精神生活世界”3 个方面论述了汉语动物词的人文意义。王国安、王小曼《汉语词语的文化透视》的第十章列举了“龙”“凤”“马”“牛”“鼠”“鸳鸯”等 11 种动物的文化联想意义，指出动物在人们的生活中有着极其重要的意义，动物世界与民族文化生活有着不解之缘，动物身上的象征意义就是最好的体现。杨琳在《汉语词汇与华夏文化》中分析了“龟”“鸭”“马”“鸟”4 种动物的文化意蕴的历史演变，将具体的动物词置于文化背景中，分析这些动物词的潜在含义形成与演变的文化基础和社会原因。王垂基的《词文化源考》对汉语文化词语进行了追本溯源的考察，其中不乏动物词，如“雁足”“雁书”“虎符”“执牛耳”“鸳鸯”“青蚨”“驸马”“三脚猫”等。

2.7 小　　结

通过上述总结与归纳，可以看出动物词的研究得到了广泛的关注，涉及语言研究的众多领域。其中，命名理据研究和训诂考释研究的历史最为悠久，成果颇丰。隐喻认知和文化内涵研究是伴随着认知语言学、文化语言学等交叉学科的兴起而展开的，研究成果在数量上蔚为壮观。相对于上述研究，动物词汇群、造词和构词研究、语义研究不但在成果数量上相形见绌，在研究方法、理论探究和语料挖掘等领域的尝试也远远不够。

正像专书研究对于了解汉语的共时面貌和历史演变规律都有重要意义一样，将动物词特别是其中的常用词作为一个整体，贯彻“系统”的观念，应用现代词汇学、语义学的理论和方法，考察其传承与发展的一般规律和新词生成的一般特点，分析其引申义、比喻义、象征义、感情色彩、语体色彩、形象色彩及特有的含义十分必要。

第3章　动物词造词法

社会生活日新月异，新事物不断涌现，语言也随之不断演变发展，其中以词汇最为敏感，最为活跃。语言中词的数量由少变多、形式由简变繁，新词的产生满足了交际的需要，也丰富了词汇系统。造词指的就是词从无到有的创制过程，造词既是思维不断深化发展的过程，也是词汇体系逐渐丰富完善的过程。造词活动的发生既有内在根据也有外部原因，对这种规律的探究既可以从语言内部的发展趋势出发，也可以从思维本身的规律入手。

葛本仪指出，造词就是指创制新词，造词法就是创制新词的方法。① 一般认为真正的造词法研究始于孙常叙的《汉语词汇》，孙常叙(2010)将造词法分为语音造词、语义造词和结构造词3种②。20世纪80年代初，任学良(1981)提出"修辞学造词"的理念并对其进行了细致的分析，他将造词法分为词法学造词法、句法学造词法、修辞学造词法、语音学造词法和综合式造词法。③ 葛本仪(2006)对造词法和构词法进行了严格的区分，将汉语造词法归纳为音义任意结合法、摹声法、音变法、说明法、比拟法、引申法、双音法和简缩法8种。④ 刘叔新(2006)坚持"在一次划分中，只能用一个准则"的原则，根据造词材料的不同将造词法分为词汇材料式、语音材料式和混合材料式。⑤

上述学者的思想和主张，对汉语造词法研究有重要的影响，但还是存在着交叉分类、标准不一和归属不明的问题，对共时特征的过多关注也造成了对历时关照的

---

① 葛本仪.现代汉语词汇学[M].山东:山东人民出版社,2004.
② 孙常叙.汉语词汇[M].北京:商务印书馆,2010.
③ 任学良.汉语造词法[M].北京:中国社会科学出版社,1981.
④ 葛本仪.汉语词汇研究[M].北京:外语教学与研究出版社,2006.
⑤ 刘叔新.词汇研究[M].北京:外语教学与研究出版社,2006.

缺乏。袁庆德等的研究弥补了这一不足。袁庆德(2002)指出,汉语词汇的发展大体经过了自生、派生和合成 3 个阶段。① 这与王艾录、司富珍(2001)提出的原生、派生和句段 3 个阶段的划分是一致的②。李如龙(2002)再次融"修辞"于造词,将古今汉语词汇衍生方式分为音义相生、语素合成、语法类推和修辞转化 4 种。③

为了便于探讨动物词的造词法,首先需要弄清相互联系又有着本质区别的两组术语之间的关系:造词法与语词理据;动物词造词法与动物命名理据。

造词法包括单纯词的音义结合方式和合成词的语素组合方法。语词理据是指语词发生、变异和发展的动因。④ 单纯词的构造过程着重共时分析和描写,是静态的,复音词的构造过程关注使用义的来源,是动态的。探讨语词理据的前提是承认语言符号既有任意性也有理据性,即有些语言符号的音义之间具有人文联系。对于单纯词而言,造词法和语词理据研究关注的都是音义联系,合成词则不然。对于合成词而言,造词法旨在从语言角度分析语素组合方法,而语词理据研究不但关注原始理据、词内理据,还关注民俗理据、文化理据等词外理据,因此这种理据特征对于造词而言,有的是可以直接感受到的,有的不能直接被感知。如"打春"一词的造词法按照刘叔新先生的造词法体系属于词汇材料式中的"组合结合法",按照任学良先生的造词法体系属于谓宾式的"句法学造词法",按照葛本仪先生的造词法体系属于"引申法";打春的文化理据则为"旧时府县官在立春前一天把用泥土做的春牛放在衙门前,立春之日用红绿鞭打之,表示迎春"④。通过上述分析可以发现造词法与语词理据是两个互相联系但绝不相等的概念,造词法研究应在充分了解语词理据的基础上进行,既要立足于语言的共时特征又要加强对历时变化的考察。

人们为事物命名时往往是抓住事物的主要特征并给予相应的描述,正如陆宗达、王宁(1994)所说:"名物是有来源的,在给一个专名定名时,完全没有根据,没有意图几乎是不可能的……人们为一物定名时,一定与对这一事物的观察、认识有

---

① 袁庆德. 早期汉语造词法新探[J]. 殷都学刊,2002(1):102-106.

② 王艾录,司富珍. 汉语的语词理据[M]. 北京:商务印书馆,2001.

③ 李如龙. 汉语词汇衍生的方式及其流变[J]. 河北师范大学学报(哲学社会科学版),2002(5):68-76.

④ 王艾录,司富珍. 汉语的语词理据[M]. 北京:商务印书馆,2001.

联系，因而在不同程度上有源可寻。”①动物命名理据研究是目前动物词研究中非常重要的一部分，李海霞（2002）②、盛超（2005）③、曹燕（2007）④都在此方面进行了有益的尝试，这些研究可以为人们探讨动物词造词法提供借鉴，动物专名所蕴含的语源义对分析造词法有很大帮助。对于动物专名而言，特别是其中的单纯词，造词法与命名理据密切相关，有时甚至是一致的，但动物词造词法研究绝不局限于命名理据研究范围之内。

无论是荀子所说的“名无固宜，约之以命，约定俗成谓之宜，异于约则谓之不宜”，还是索绪尔所提倡的“语言符号的任意性”，都主张有些词在产生之初，音义之间没有必然的联系，当人们运用某种语音形式去指称某一具体事物时，这种语音形式就获得了该事物所赋予它的某种意义，音义结合后便形成了语言中的词。动物词当然也不例外，如“龙”为什么叫“龙”，很难说清，“凤”为什么叫“凤”，甲骨文中“凤”与“风”通用[按：凤，古文作鹏，甲骨文又通假为风。有人认为“凤乃风姓的图腾，凤之雌者曰凰。因此后来团拥戴首领时，当然视为图腾的代表；又因当时尚在母系社会，故称其首领为皇（凤）”]⑤，但“凤”从何而来又是不容易解释的。又如《说文解字·马部》：“马，怒也。武也。”这也不足以解释“马”的命名缘由。动物词中音义任意结合的例子很多，如“蛇”“龟”“鱼”“鸟”“虫”“仓庚”“鸳鸯”“蟾蜍”“鲂鮄”之类。

在探索动物词音义联系方面，很多学者都做出了有益的尝试，希望从语源角度理清更多的动物词的命名线索，将它们的音义用理据性联系在一起。如李海霞（2002）认为“猪”与“诸”同源，《说文解字·豕部》：“猪，豕而三毛丛居者。”“麋”似鹿非鹿，似驴非驴，似牛非牛，应得名于“迷”。⑥ 再如《诗经·曹风·蜉蝣》：“蜉蝣之羽，衣裳楚楚。”毛传解释说：“蜉蝣，渠略也，朝生夕死，犹有羽翼以自修饰。”王卫峰（2010）指出“蜉蝣”也作“蜉蝤”，蜉蝣之言浮游也。蜉蝣从聚而生，且生存期

---

① 陆宗达，王宁. 训诂与训诂学[M]. 太原：山西教育出版社，1994.

② 李海霞. 汉语动物命名研究[M]. 成都：巴蜀书社，2002.

③ 盛超. 汉语动物词语研究[D]. 哈尔滨：黑龙江大学，2005.

④ 曹燕.《尔雅》动物专名研究[D]. 呼和浩特：内蒙古大学，2007.

⑤ 李玄伯. 中国古代社会新研[M]. 上海：新文艺出版社，1988.

⑥ 李海霞. 汉语动物命名研究[M]. 成都：巴蜀书社，2002.

极短,朝生夕死,至死则集成厚层,浮游于水面,故称。蜻蜓的原型为“青蜓”,即青色的蜓。① 从逻辑角度来分析,“蜉蝣”的解说似可以相信,但“蜻蜓”还有待商榷,若说“青”是修饰“蜓”的,但又找不到单用“蜓”的情况,“蜓”何义,从何而来,很难说清楚。

正如陈建生(2008)所说:“语言符号的产生经历了由繁到简,由潜意识走向有意识,由少许任意性转向充分的理据性的过程。”②基于汉语造词法研究的相关成果和动物词产生的历史层次,可以将动物词的造词法分为拟音、衍生和合成 3 类。拟音所使用的造词原料是不表义的音节,其语素只表音不表义。衍生就是在已有的音义组合的基础上用相近的或相关的语音来表示一个相近或相关的意义。合成是将两个或两个以上的语素按照一定的规则组合起来,使其成为一个浓缩的整体,从而表达一个新的意义。

3.1 拟　　音

拟音就是通过模仿动物自身发出的有别于其他事物的声音来为其命名的造词方法,这种方法是比较原始和古老的,是形象思维和直觉思维的体现。这种造词方法告诉人们,人类在发明语言、认识自然之初是伴随着认识与辨析动物与动物之间的区别开始的,而动物间的区别不仅限于身形体态,有时听觉的震撼力和冲击力可以超过视觉。这种命名方法就像咿呀学语的幼儿称狗为“汪汪”,称猫为“喵喵”一样自然而然,《山海经》中就有很多这样的记载:

有兽焉,其状如牛而马尾,名曰精精,其鸣自訆。(《山海经·东山经》)

有鸟焉,其状如枭,人面四目而有耳,其名曰颙,其鸣自号也。(《山海经·南山经》)

有鸟焉,其状如雌雉,而五采以文,是自为牝牡,名曰象蛇,其鸣自詨。(《山海经·北山经》)

这里的“自訆”“自号”“自詨”都是自我呼叫之义。

章太炎(2003)说:“呼马而马,呼牛而牛,此必非恣意妄称也。诸言语皆有根。

① 王卫峰. 联绵词的词源探求[J]. 学术交流,2010(2):162-165.

② 陈建生. 认知词汇学概论[M]. 上海:复旦大学出版社,2008.

先征之有形之物，则可睹矣。何以言雀？谓其音即足也。何以言鹊？谓其音错错也。何以言雅？谓其音亚亚也。何以言雁？谓其言岸岸也。”①杨树达（1920）也曾说：“摹声者，假物体自发之声或反射之声为物体之表象也。就动物而言之：即足而鸣者呼之曰雀，错错而鸣者呼之曰鹊，亚亚者谓之鸦（《淮南子·原道训》云：鸟之哑哑，鹊之唶唶，岂尝为寒暑燥湿变其声哉！），岸岸者谓之雁，他如猫、狗、鹅、鸭、蟋蟀，秦吉了之类。皆以其物自身所发之声为其物之名。古人诗云：‘山鸟自呼名。’据实言之，乃山鸟自有此呼声，而人因以其呼声名鸟耳，非先有名而鸟自呼之也。”②

从逻辑角度看来，人们总是把客观事物作为一个有机的整体去感知，因此当想到某种动物时，头脑中不仅会出现该动物的视觉形象，还会浮现出它经常发出的典型的声音；反之，当听到某种动物的叫声时，也会自觉不自觉地联想到该动物。在语言起源时期，人类常通过自己的发音器官摹拟动物所发出的声音而为其命名。德国语言学家洪堡特认为语音与概念相联系的方式之一便是直接的模仿。③ 西晋郭璞便是较早注意到这一联系的人之一。《尔雅·释鸟》：“春鳸鳻鶞，夏鳸窃玄，秋鳸窃蓝，冬鳸窃黄，桑鳸窃脂，棘鳸窃丹，行鳸唶唶，宵鳸啧啧……”李巡云：“诸鳸别春夏秋冬四时之名。唶唶、啧啧，鸟声貌也。”郭云：“诸鳸皆因其毛色、音声以为名。”

单音节如：

【鸭】摹拟其“呷呷”的鸣叫之声。《本草纲目·禽部》：“《禽经》云：‘鸭鸣呷呷，其名自呼。’”清代李元《蠕范·物声》：“鸭，鹜也……短颈扁嘴，其鸣呷呷，自呼其名。”

【鳦】摹拟燕的鸣声。《诗经·邶风·燕燕》“燕燕于飞” 毛传：“燕燕，鳦也。”《尔雅·释鸟》：“巂周、燕燕，鳦。”郭璞注云：“一名玄鸟，齐人呼鳦，此燕燕即今之燕也，古人重言之。”宋元戴侗《六书故·动物三》：“乙（鳦）、意而，皆因声而命之。”

【枭】猫头鹰，常夜间鸣叫，古书中常常将其视为不祥之鸟。明代李时珍《本草

① 章太炎. 国故论衡［M］. 上海：上海古籍出版社 2003.

② 杨树达. 高等国文法［M］. 北京：商务印书馆，1920.

③ 李如龙. 汉语词汇衍生的方式及其流变［J］. 河北师范大学学报（哲学社会科学版），2002(5)：68-76.

纲目·禽部》:"时珍曰:鸮、枭、训狐,其声也。"

【鵙】又名䴗或鴂。《诗经·豳风·七月》:"七月鸣鵙。"毛传:"鵙,伯劳也。"郑笺云:"百劳鸣,将寒之候。"三国魏曹植《令禽恶鸟论》:"屈原曰:'鶗鴂之先鳴,使百草为之不芳。'其声鵙鵙然,故俗憎之。"

双音节如:

【鹡鸰】拟其"脊令、脊令"的鸣声。《玉篇》:"鹡鸰,本作脊令。"又如《中国动物图谱·鸟类》:"白鹡鸰,……三五成群活动,鸣声响亮,音似'脊令',边鸣边飞。"

【鸨母】即三趾鹑,鹌鹑之类的小鸟,亦作鸨毋、鸨鴾。《中国经济动物志·鸟类》:"黄脚三趾鹑,别名水鹌鹑,……它的叫声略似'krek',三月时转变成'boom',和低沉的汽笛声相似。以后鸣声变大,一声接着一声。"

【知了(蜘蟟)】蝉,雄的腹部有发声器,能连续发声。清代恽敬《释蟪蛄》:"蜩蜋、蜩螗、蜩蝒、马蜩,皆夏蝉也。自其蜕言之曰蝉,自其鸣言之曰蜩。"又如《诗经·豳风·七月》:"五月鸣蜩。""蜩"为"知了"的合音。

【布谷】六朝《禽经》:"而农事方起,此鸟飞鸣于桑间,云'五谷可布种'也,故曰布谷。"

动物的叫声并不是单一刻板的,实验表明,南非猿(南方古猿)告诉自己的同伙"豹来了",就会发出一种短促的叫声,当它要说"有蟒蛇"时,便会发出急促的嘶嘶声。① 不同的人对同一种叫声的模仿也是不尽相同的,因此拟声命名有很大的主观性和偶然性。动物发出的声音与语言中的语音不可能完全相同,人们在取声命名的时候往往要加以改造,使其适应语音系统的规则,因此这种摹拟只是一种近似值,用汉字记录下来以后,拟音效果会再打折扣。清代沈德符《顾曲杂言》:"京师人呼促织为趋趋,盖促织二字俱入声,北音无入,遂讹至此。"而且,不同时空的个体拟音效果不尽相同,会不自觉地进行民族化和地域化的改造。语音的历史演变又会将这种差异扩大,所以有些词的读音跟它所摹拟的动物的实际叫声已经有些距离了。例如,广州、汕头等地至今仍把"雁"说成[ŋan],这是比较接近古音的。乌鸦的叫声是[a-a-]的,这与现在广州、汕头、福州等地的方言读法是一致的。

需要强调的是,这种造词法所代表的音义联系只存在于命名之初,一旦进入交

① 李海霞.汉语动物命名研究[M].成都:巴蜀书社,2002.

际，使用者便不再关注该词在产生之初是否拟声，例如，在成语“精卫填海”中，人们都知道精卫是传说中炎帝宠爱的女儿溺水身亡后变成的神鸟，但很少有人知道“精卫”之名源自她呼叫的声音。《山海经·北山经》云：“发鸠之山，其上多柘木。有鸟焉，其状如乌，文首，白喙、赤足，名曰精卫，其鸣自詨。其炎帝之少女名曰女娃，女娃游于东海，溺而返，故为精卫。常衔西山之木石，以堙于东海。”

3.2　衍　　生

对事物进行直接模仿的范围是有限的，因此通过摹拟声音来造词的能产性不高。洪堡特说语音与概念联系的“第二种方式是非直接的模仿，即不是直接模仿声音和事物，而是模仿声音和事物所共有的属性。”①徐通锵（1997）说：“直觉性是基础，联想性是扩大编码的途径。”②王力（1999）曾经指出：“某物的某一属性，通过滋生的渠道，可以变为该物的名称。这样，也就是变了语法范畴，即形容词或动词变为名词。例如‘甘’滋生为‘柑’，‘刚’滋生为‘钢’，‘疏’滋生为‘梳’，‘比’滋生为‘篦’，‘援’滋生为‘猿’，‘虐’，滋生为‘瘧’。这种滋生过程在今天看来是相当奇怪的，但这是古代汉族的民族心理的表现。古代训诂是这样说的，而我认为是可信的。”③这里的“滋生过程”实际上就是一种创造新词的过程。李海霞（2002）将这种方式称之为“借名”，即“不改变原词的读音，以原词的读音表现一个意义相关的新概念。这是读音的借用，意义的引申。”④李如龙则称为音义相生，他指出：“音义相生就是在已有的音义组合的基础上用相近的或相关的语音来表示一个相近或相关的意义。”①

对于动物词而言，这种命名方式基于新命名事物与已有的事物或行为、动作之间的某种联系，我们将动物词的这种造词方式称为衍生，用这种方式创造出来的词多是单音词。如：

---

① 转引自李如龙．汉语词汇衍生的方式及其流变[J]．河北师范大学学报（哲学社会科学版），2002(5)：68-76.

② 徐通锵．语言论[M]．长春：东北师范大学出版社，1997.

③ 王力．同源字典[A]．北京：商务印书馆，1999.

④ 李海霞．汉语动物命名研究[M]．成都：巴蜀书社，2002.

【騜】由“黄”而生。《尔雅·释畜》:“黄白,騜。”

【犙、牭】由“三”“四”而生。《说文解字·牛部》:“犙,三岁牛。”“牭,四岁牛。”

【驸】由“副”而生。《说文解字·马部》:“驸,副马也。从马付声。”

【牦】由“毛”而生。明代李时珍《本草纲目·兽二·牦牛》:“髀、膝、尾、背、胡下皆有黑毛,长尺许。其尾最长,大如斗,亦自爱护,草木钩之,则止而不动。古人取为旌旄,今人以为缨帽。毛杂白色者,以茜染红色。《山海经》云:潘侯之山有旄牛,状如牛而四足节生毛。即此也。”

【鲥】由“时”而生,意为“以时来”。生活在太平洋,到我国珠江、长江、钱塘江等河流中产卵。徐珂《清稗类钞·动物类·鲥》:“每年夏初产于江中,离水即死。”

【牸】牝牛,由“字”而生。《说文解字·子部》:“字,乳也。”《尔雅·释诂》:“字,生也。”

【蝼】由“镂”而生。蝼,即蝼蛄,又称蝲蝲蛄、土狗子,生活在泥土中,前脚大,呈铲状,适于掘土。《说文解字·金部》:“镂,钢铁,可以刻镂。”段玉裁《说文解字注》释:镂,本钢铁之名,钢铁可受镌刻,故镌刻亦曰镂。”

其他如:“蟹”取自“解”,“蟒”取自“莽”,“鲢”取自“连”,“鴱(雌鴳鹓)”取自“艾(少幼)”,“鹌(黑褐色)”取自“暗”,“鳝”取自“善”等。

3.3 合　　成

通过拟音和衍生的方式创造出来的词往往是单纯词,后者还常常是单音词。语言结构从简单到复杂,词汇构成从以单音词为主渐渐变为以复音词为主,越来越多的复音词通过语素合成的方式产生。从上古汉语到中古汉语,复音词大量地、迅速地增长着。大量复音动物词的产生适应了汉语词汇复音化的趋势,表义也更加丰富准确。动物词的合成造词法可以归纳为说明、比喻、附加 3 种。

3.3.1 说明

葛本仪(2004)说:“说明法是通过对事物加以说明而产生新词的方法。”①葛先

① 葛本仪. 现代汉语词汇学[M]. 济南:山东人民出版社,2004.

生还谈到人们给事物命名时，为了使大家对该事物的某些特征能有所了解，应用现有的语言材料从某些角度对事物加以说明，并由此确定名称产生了新词。这样创制的新词，词义都比较明晰，容易被人们所理解，因此成为人们在造词活动中经常使用的方法，能产性较高。动物词的说明造词法，由于说明角度的差异，种类也较为丰富。

1. 说明动物的行走姿势、身形体态、生活习性

【螃蟹】蟹的俗称，本作“旁蟹”，“旁”言其行走方式。清代翟灏《通俗编·禽鱼》：“《周礼·梓人》疏：蟹谓之螃蟹，以其侧行者也。按：语义当正作旁，今字从虫，疑是后人率加。《埤雅》云：蟹旁行，故里语谓之旁蟹，可证。”

【斑蝥】昆虫名，有黑色硬壳，腿细长，鞘翅上有黄黑色斑纹，能飞，可入药。

【牡蛎】亦称“ 牡蛤 ”。软体动物，肉鲜美，壳可入药。牡，本指雄性的鸟兽，引申为“大”。清代屈大均《广东新语》：“小者真珠蚝，中尝有珠。大者亦曰牡蛎，蛎无牡牝，以其大，故名曰牡也。”

【珠鳖】亦作“珠蟞”，龟的一种，其足有珠。《山海经·东山经》：“澧水出焉，东流注于余泽 ，其中多珠蟞鱼，其状如胏而有目，六足有珠，其味酸甘，食之无疠。”明代李时珍《本草纲目·介部一·珠鳖》：“按《山海经》云：葛山澧水有珠鳖，状如胏而有目，六足有珠。《一统志》云：生高州海中。状如胏，四目六足而吐珠。《吕氏春秋》云：澧水鱼之美者，名曰珠鳖，六足有珠。《淮南子》曰：蛤、蚌、珠鳖，与月盛亏。《埤雅》云：鳖珠在足，蚌珠在腹。皆指此也。”

【团鱼】即鳖，也叫甲鱼，俗称“王八”。

其他如：企鹅、爬虫、跳蚤、瓢虫、蜗牛、斑马、斑鸠、秃鹫、兀鹫、叶猴、毒蛇、大龟、穿山甲、响尾蛇、壁虎、萤火虫等。

有些动物词着眼于说明动物具有显著特征的身体部位。如：

【胖头鱼】又称“鳙鱼”。身体暗黑色，鳞细而密，头很大，眼睛靠近头的下部，生活在淡水中，是我国重要的食用鱼种之一。

【长臂猿】因前臂特别长而得名。长臂猿能用双臂钩住树枝。

其他如：白唇鹿、白骨顶、白鳍豚、白头鹎、白头翁、白额虎、长颈鹿、赤眼鳟、软骨鱼、黑毛虎等。

2. 说明动物的颜色

【黄鸟】黄雀，麻雀的一种，全身羽毛以黄绿色为主。《诗经·秦风·黄鸟》："黄鸟黄鸟，无集于谷，无啄我粟。"

【青鸟】一种常见的鸟类，小型鸟类，类似麻雀大小的青蓝色小鸟。汉代张衡《西京赋》："翔鹍仰而不逮，况青鸟与黄雀。"又如《山海经·大荒西经》："有玄丹之山。有五色之鸟，人面有发。爰有青鴍、黄鷔、青鸟、黄鸟，其所集者其国亡。"

【黄羊】野生羊的一种，毛黄白色，腹下带黄色，故名。生活在草原和沙漠地带。明代李时珍《本草纲目·兽一·黄羊》："黄羊出关西、西番及桂林诸处。有四种，状与羊同，但低小细肋，腹下带黄色，角似羖羊。喜卧沙地。生沙漠，能走善卧，独居而尾黑者，名黑尾黄羊。"

【金蛇】明代李时珍《本草纲目·鳞一·金蛇》："〔集解〕颂曰：'金蛇'生宾州、澄州。大如中指，长尺许，常登木饮露，体作金色，照日有光。"

《尔雅·释鸟》："春鳸鳻鶞，夏鳸窃玄，秋鳸窃蓝，冬鳸窃黄，桑鳸窃脂，棘鳸窃丹，行鳸唶唶，宵鳸啧啧。"郭云："诸鳸皆因其毛色、音声以为名。""窃玄、窃蓝、窃黄、窃脂、窃丹"本是形容鳸的毛色，这里被用作鸟名。

再如：白鱼、文蛤、朱鳖、金鱼、白狐、红蜘蛛、黑猩猩等。

3. 说明动物生活的处所或环境

【草虫】泛指草木间的昆虫。唐代李频《送刘山人归洞庭》诗："秋尽草虫急，夜深山雨重。"

【土虫】度古（一种毒虫）的俗称。唐代段成式《酉阳杂俎·虫篇》："度古，似书带，色类蚓，……有毒，鸡吃辄死，俗呼土虫。"

【天鸡】神话中天上的鸡。唐代李白《梦游天姥吟留别》："半壁见海日，空中闻天鸡。"

【土蜘蛛】蜘蛛的一种。《艺文类聚》卷九十七引《广志》："土蜘蛛在地上，春行草间，秋系在草。"

【沙蚕】一种栖息于海滨泥沙中的毛足虫。

又如：山龟、泽龟、水龟、火龟、天狗、天鹤、山鹊、泽虞、山乌、海雉、山雉、野鸡、北极熊、海豹、海狗、海狸、海狸鼠、海蛎子、海马、海米、海牛、海鸥、海参、海狮、海獭、海豚、海象、海星、海燕、河狸、河马、河豚、河鱼、桑蚕、柞蚕、沙鸥、牛虻、雨蛙等。

4. 说明事物的用途

《周礼》秋官疏记载："犬有三种，一者田犬，二者吠犬，三者食犬。若田犬、吠犬，观其善恶，若食犬，观其肥瘦，故皆须相之。"可以看出古代对于动物的分类并不仅仅注重于外型，而常常以功能来区分，因此汉语中有大量动物词的创制是着眼于其功能和用途的。如：

【菜牛】肉用牛。

【耕牛】耕地的黄牛或水牛。

【鱼食】喂鱼的饲料或鱼饵。

【猫鱼】喂猫吃的小鱼。

【法螺】海中软体动物。壳呈螺旋状，壳壁很厚，长约一尺①。壳顶穿孔，可吹奏，发声响亮。古时用作军队号角、宗教法器等。

【驮马】专门用以驮运物品的马。

【鱼鹰】鸬鹚一类用以捕食小鱼的鸟类的总称。

【信鸽】一种比赛鸽，常用来携带信息，经过训练可以远距离飞回鸽房。

【工蚁】性器官发育不完善、没有生殖能力的蚂蚁。在群体中数量占绝对优势。

【观赏鱼】指那些具有观赏价值的有鲜艳色彩或奇特形状的鱼类。

以上各例说明某种动物的功用，下列各例说明的是与动物有关的某种事物的用处。如：

【蚕山】供蚕结茧的稻草或麦秸编结束，上尖下宽略似山形。

【狗窦】供狗出入的洞。

【马鞭】赶马用的鞭子，多用皮条编成。

【鱼梁】拦截水流以捕鱼的设施。以土石筑堤横截水中，如桥，留水门，置竹筒或竹架于水门处，拦捕游鱼。

【蝇甩儿】掸尘土或驱蚊蝇的用具，也叫拂尘。

【金鱼藻】多年生草本植物。生在淡水里，叶子条形，没有叶柄，茎细长。常放在金鱼缸中，供观赏。

【蟋蟀草】用来逗蟋蟀的草。

---

① 一尺约为0.33米。

【绊马索】设于隐蔽处的绳索,多用于绊倒对方的坐骑。

5. 说明动物所属的物类

【羔羊】羔,小羊。《诗经·召南·羔羊》:"羔羊之皮,素丝五紽。"

【羳羊】《尔雅·释畜》:"羳,羊黄腹。"

【牦牛】牦,牛名。明代李时珍《本草纲目·兽二·牦牛》:"牦牛出甘肃临洮,及西南徼外,野牛也。"

【猕猴】《玉篇·犬部》:"猕,猕猴。"

【翠鸟】翠,鸟名。《尔雅·释鸟》:"翠,鹬。"郝懿行疏:"似燕绀色,生郁林。"《楚辞·九歌·东君》:"翾飞兮翠曾。"王逸注:"身体翾然若飞,似翠鸟之举也。"

【蛟龙】蛟,古代传说中的一种龙。常居深渊,能发洪水。《楚辞·九歌·湘夫人》:"麋何食兮庭中? 蛟何为兮水裔?"王逸注:"蛟,龙类也。"

【虬龙】虬,传说中的一种无角龙。《楚辞·离骚》:"驷玉虬以乘鹥兮,溘埃风余上征。"王逸注:"有角曰龙,无角曰虬。"

【蠹虫】蠹,蛀虫。《说文解字》:"蠹,木中虫。"

如上所见,汉语中要说明动物所属的类别多采用"属名+种名"的方式,但在古代也存在着"种名+属名"的方式,即所谓的"大名冠小名"。清代俞樾(1956)说:"古人之文,则有举大名而合之于小名,使二字成文者。如《礼记》言'鱼鲔','鱼'其大名,'鲔'其小名也。《左传》言'鸟乌','鸟'其大名,'乌'其小名也。"①合成动物词中,表示"属名"的语素都是由原来的单音词降格而来的,如"羔""牦""翠""蛟"等,原本这些单音动物名词无须借助词汇手段就可以表达复合的概念,后来这些词通过添加"种名"语素的方式达到了复音化的目的。

在畜牧业占重要地位的时代,划分动物的雌雄有着特殊的意义,先秦文献中有很多单音动物性别词,例如:

【豝】母猪。《诗经·召南·驺虞》:"彼茁者葭,一发五豝"。《诗经·小雅·吉日》:"既挟我矢,发彼小豝。"

【羝】公羊。《诗经·大雅·生民》:"取羝以軷,载燔载烈,以兴嗣岁。"

【羭】母羊。《列子·天瑞》:"老羭之为猨老。"

① 俞樾. 古书疑义举例五种[M]. 北京:中华书局,1956.

【豭】公猪。《左传·隐公十一年》:“郑伯使卒出豭。”

伴随着汉语复音化的发展,与其他名词一样,这些能够直接表示动物自然性别的名词也逐渐降格为语素,这时,汉语表示具体动物“性别”的方式,不再是新造词,而是通过添加所属物类名称语素的词汇手段来实现。例如:

【羝羊】《周易·大壮》:“羝羊触藩,羸其角。不能退,不能遂。”

【牂羊】《诗经·小雅·苕之华》:“牂羊坟首,三星在罶。”

【豮豕】《周易·大畜·六五爻辞》:“豮豕之牙。”刘注:“豕去势曰豮。”又宋代梅尧臣《依韵奉和永叔社日》:“豮豕新烹白醪熟,奋衣地坐无拘束。”

【豭猪】《汉书·翟方进传》:“会北地浩商为义渠长所捕,亡,长取其母,与豭猪连系都亭下。”章太炎《新方言·释动物》:“今湖北谓牡豕为豭猪。”

【麀鹿】麀,牝鹿。《诗经·大雅·韩奕》:“麀鹿噳噳,有熊有罴,有猫有虎。”

【牸牛】牸,母牛。汉代刘向《说苑·政理》:“臣故畜牸牛,生子而大,卖之而买驹。”

除了上述6个方面,还可以从事物的典型动作、原产地、原材料、领属关系、携带气味等角度进行说明。举例如下:

对动物的典型动作或状态进行描述:入耳、齧桑、守瓜、负版(《尔雅·释虫》);含浆、守宫(《尔雅·释鱼》);齧齿、窃脂、剖苇、戴鵀、比翼、啄木(《尔雅·释鸟》)。

说明动物的原产地:武昌鱼、非洲鲫鱼。

说明产品的原材料:鱼松、蚝油。

说明动物所携带的气味:香獐子、臭虫、臭鼬。

说明身体部位或出产物的领属:鱼鳞、羊毛、虎皮 猪肝、象牙、鼠穴、驴胶、牛黄、蝉蜕。

有些合成动物词含有拟音语素,如:

【苦恶鸟】又称姑恶、苦鸟、苦哇鸟、苦娃子,常发出“苦啊苦啊”的鸣声,故名。

【叫姑鱼】其鳔具有发声能力,能发出“咕咕”的声响,因而得名。

【几维鸟】因其尖锐的叫声“kewe”而得名。

【水鸪鸪】又叫鹁鸪鸪,“鸪鸪”,因其声以为名也;水,其喜好的生活环境。

【秦吉了】产于秦地(今陕西省)的一种鸟,因常发出“吉了”的叫声而得名。

“苦恶鸟”“叫姑鱼”“几维鸟”是在拟音语素的基础上添加种语素,表明其所属的物类,"水鸪鸪""秦吉了"分别说明动物的生活环境和原产地。

3.3.2 比喻

比喻,又叫譬喻,俗称打比方,是根据联想,抓住不同事物的相似点,用另一个事物来描绘所要表现的事物。[①] 比喻造词是指人们常运用现有的语言材料,寻求事物之间的相似点,通过比喻的方式来实现新词的创制。从语素数量上来看,这类词至少由两个语素组成,其中一个语素用来比喻,或者两个语素都用来比喻。通过比喻的方式可以创造出大量表意生动、形象感强的动物词。根据具体的动物词内部"本体"和"喻体"的出现情况,可以将其分为全喻式和半喻式两类。

1. 全喻式

只出现"喻体"不出现"本体","喻体"构成了词的全部,整个词就是一个完整的比喻。如"鸡胸"的含义,《汉语大词典》解释为"胸骨向前凸出,状似鸡的胸廓的症状。多由佝偻病所引起,亦指患此病的人"。这是用"鸡胸"来比喻"人胸"。理解全喻式词语时一般要加上"像……一样",如"画眉",鸣声婉转动听,是著名的笼禽,因有色眼圈而得此名,"像画了眉毛一样"。全喻式造词有的是用具体的来比喻具体的,如鸡皮、鸡眼、猴头、龙眼等;有的是用具体的来比喻抽象的,如老鸨、走狗、虎贲、铁公鸡、落汤鸡、狗腿子、老狐狸、地头蛇、跟屁虫、害人虫、应声虫、牛脾气、独眼龙、笑面虎、落水狗、替罪羊等。

全喻式的词从语素性质来看,喻体多为名词性的语素,或者前语素修饰或限制后语素,或者两个语素是并列关系。前者如:

【田鸡】水栖蛙类,因其肉质细嫩胜似鸡肉。清代李调元《南越笔记》:"蛤生田间,名田鸡。冬藏春出。篝火作声,呼之可获。"

【浮蚁】亦作"浮螘",酒面上的浮沫。汉代张衡《南都赋》:"醪敷径寸,浮蚁若蓱。"

【楮鸡】楮树上所生之菌。

【椿象】一种昆虫,常寄居在椿树上吸食茎和果实的汁。

【木鱼】一种打击乐器,原为僧尼念经、化缘时敲打的响器,用木头做成,中间

---

① 王希杰. 汉语修辞学[M]. 北京:北京出版社,1983.

镂空。

还有些偏正全喻式动物词的两个语素间有领属关系，如：

【虾眼】指煮茶初沸时所泛起的小气泡。似虾的眼睛，故称。唐代吕岩《大云寺茶诗》："兔毛瓯浅香云白，虾眼汤翻细浪俱。"

【鸭脚】银杏树的别名。树叶似鸭掌状，故称。宋代陆游《十月旦日至近村》："鸭脚叶黄乌臼丹，草烟小店风雨寒。"

其他如：鸡眼、鸡头、兔唇、虎口、佛手、龟足、龟头、龟背、蟾背、龙眼、蟹眼、乌眼、虾须、鹑尾、犊鼻、鹅肠、鹅颈、鹗爪、蜂须、佛头、狗脊、猳尾、龙头、蚶壳（荔枝的一种）、猴枣（中药名，为猕猴等胆囊的结石）、狮子头等。

并列全喻式动物词的喻体有两个语素，两个语素是并列关系，分别从外形或习性上来描述新物种的典型特征。这种动物往往兼具其他两种动物的特征，人们可以"顾旧名知新义"，如：

【豹猫】也称山猫、狸猫、狸子，体大如猫，性情凶猛似豹，常吃家鼠、松鼠、飞鼠、兔类、蛙类、蜥蜴、蛇类、小型鸟类、昆虫等。

【豚鼠】亦名天竺鼠，通称荷兰猪，身体像兔而较小，因肥笨且头部长的像猪而得名。

【人鱼】也叫儒艮，在形态上似人非人，似鱼非鱼，抱子喂奶的样子非常像人。

【鳄蜥】爬行类动物，兼具鳄鱼和蜥蜴的特征，头部和体形与蜥蜴相似，颈部以下的部分，特别是侧扁的尾巴，既有棱嵴状的鳞片，又有许多黑色的宽横纹，又很像扬子鳄，所以被称为鳄蜥。

【貂熊】又叫狼獾，身体和四肢粗短像熊，尾巴长，尾毛蓬松，全身棕黑色。貂熊外形介于熊与貂之间，体长 80 ~ 100 cm，体重 8 ~ 14 kg，尾长 18 cm 左右。头大耳小，背部弯曲，四肢短健，弯而长的爪不能伸缩，尾毛蓬松。

有些并列全喻式动物词，基于不同动物间相似的生活习性或人们主观地赋予不同动物相似的精神品质。在造词时，将代表两种动物的语素组合在一起，通过比喻的方式来表达一个共性的特征引申出新的义项。如：

【虎狼】比喻凶残或勇猛的人。亦喻凶残或勇猛。《左传·哀公六年》："及朝，则曰：'彼虎狼也。'"

【虎兕】虎与犀牛。比喻凶恶残暴的人。《论语·季氏》："虎兕出于柙。"《楚辞·王逸〈九思·逢尤〉》:“虎兕争兮於廷中。”

【熊狼】比喻凶恶之徒。汉代陈琳《武军赋》:“ 汉季世之不辟,青龙纪乎大荒。熊狼竞以拏攫,神宝播乎镐京 。”

【鹰犬】喻供驱使奔走的人,多指权贵豪门的爪牙。《抱朴子》:“故疾步累趋,未若托乘乎逸足;寻飞逐走,未若假伎乎鹰犬。”

【鱼肉】比喻被欺凌的人。《史记·项羽本纪》:“如今人方为刀俎,我为鱼肉,何辞为?”

【鸾凤】

(1)比喻贤俊之士。《楚辞·〈惜誓〉》:“独不见夫鸾凤之高翔兮,乃集大皇之壄。”王逸注:“以言贤者亦宜处山泽之中,周流观望,见高明之君,乃当仕也。”

(2)比喻君王。《敦煌曲子词·菩萨蛮》:“良以安国部,金(今)喜回鸾凤。”

(3)比喻美人。唐代卢储《催妆》诗:“今日幸为秦晋会,早教鸾凤下妆楼。”

(4)比喻夫妇。《醒世恒言·两县令竞义婚孤女》:“鸾凤之配,虽有佳期;狐兔之悲,岂无同志。”

2. 半喻式

本体语素和喻体语素全部出现,很像是比喻修辞中的明喻,根据语素出现的次序可以分为“喻体+本体”和“本体+喻体”两类。

“喻体+本体”式的比喻造词法能产性高,此类动物词数量众多。明代毛晋《毛诗陆疏广要》卷四:“今猎者熊有两种:猪熊,其形如猪;马熊,其形如马。各有牝牡。”可见在创造动物词时,人们习惯在思维上将被命名动物与已熟知的事物进行比较,比较过程中最关注的就是视觉效果。① 如:

【金钱龟】因其小巧玲珑,故称。贯休《再逢虚中道士》之二:“囊里灵龟小似钱,道伊年与我同年。”

【螺丝】仿照“螺蛳”(淡水螺)而创造,因螺丝的形状及其表面的螺纹与螺蛳壳纹理的曲线相似而得名。

【鸦鬟】犹鸦髻。色黑如鸦的丫形发髻。唐代李白《酬张司马赠墨》诗:“黄头奴子双鸦鬟,锦囊养之怀袖间。”王琦注:“双鸦鬟,谓头上双髻,色黑如鸦也。”

---

① 李海霞.汉语对动物命名取象的优先规律[J].南京社会科学,2000(10):67-70.

基于此而建立的动物词也最多，如狼狗、鱼雷、蝶骨、旗鱼、钉螺、人熊、狗熊、鲸鲨、板鸭、带鱼、扇贝、绦虫、蝙蝠衫、蝴蝶结、鸡冠花、马尾松、狮子狗、眼镜蛇、金丝猴、叩头虫、龙舟、马桶、雀斑、龙须菜、鸭舌帽、蜂窝煤、虎皮兰等。除了形状，事物的颜色、动态特征和主体评价也常作为造词的着眼点。如：

颜色：蟹青、猩红、鹅黄、鼠灰、鸡血红、鸭蛋青、鱼肚白、鹦哥绿、鸭头绿。

动态：狐疑、蜂拥、蚕食、龟缩、鼠窜、蛇行、雀跃、鸟瞰、蚁合、雁行、蛰居、蚁聚、狼顾、蜗行、蜗居、蠕动、鱼贯、鲸吞、凫趋。

主体评价：柴鸡、牛性、虎将、纸老虎、狐臭、狐臊、蝇利、蜗名。

采用“本体+喻体”的方式创造的动物词在语义上基本都可理解为“像B一样的A”或“具有B外形特征的A”，这也体现了为动物命名时，优先选择的是视觉，在视觉感知中体现着形体优先的原则。[①]这类动物词的语法结构类型较为特殊，有人称之为“逆序定中”①，有人认为是正常的偏正结构②。其语义结构是“事物类+提示特征”，参与构词的语素具有常见性特征，是由造词中的“求便”心态决定的。[③]由于起“提示特征”作用的名词性语素的“凸显度”，即“名词所激活目标区域的本质结构的显著程度”④较低，因此，这种造词法的能产性不高，这类动物词的数量不多。举例如下：

【蚕蚁】刚孵化出的幼蚕，体小而黑，形如蚂蚁。宋代梅尧臣《依韵和许待制偶书》：“深屋燕巢将欲补，密房蚕蚁尚忧寒。”

【髻螺】盘旋如螺状的发髻。元代张可久《凭阑人 · 席上分题》曲：“妆淡亭亭堆髻螺，歌缓盈盈停眼波。”

【豺狗】豺的俗名。《尔雅翼 · 释兽二》：“豺似狗，牙如锥，足前矮后高而长尾。其色黄，瘦健。今人称豺狗。”

【鱼苗】由鱼子孵化出来供养殖用的小鱼。宋代范成大《梅雨五绝》之五：“雨霁云开池面光，三年鱼苗如许长。”

---

① 周荐. 语素逆序的现代汉语复合词[J]. 思维与智慧，1991(2)：3.

② 王洪君. “逆序定中”辨析[J]. 汉语学习，1999(2)：8-14.

③ 徐正考，张烨. 一种特殊结构的偏正式复合名词[J]. 苏州大学学报(哲学社会科学版)，2011，32(5)：151-156，192.

④ 黄洁. 名名复合词内部语义关系多样性的认知理据[J]. 语言教学与研究，2008(6)：1-7.

其他如:熊猫、蜗牛、虾米、耳蜗等。

3.3.3 附加

先秦文献中就已出现了附着在名词上的词缀,附加式动物词中的前缀“阿”“老”,后缀“子”“儿”则是伴随着唐代以后通俗体文献的广泛涌现而大量使用的。

1. 阿

一般认为前缀“阿”是由“依靠、保护、教养”义虚化而来的,大约在东汉后期,“阿”缀便已形成,一直沿用至今,魏晋南北朝时期使用已相当普遍。首先是附加在亲属称谓(阿婆、阿姑)和小名(阿瞒、阿蒙)或名字(阿侯、阿紫)上,后来发展到姓氏(阿云、阿韦)和行次(阿三、阿五)上。“阿”缀出现在动物词中的情况非常少见,常见的是“阿猫阿狗”,但并不用来表示具体动物,如:

佚庐道:“那裁缝只得换写一张,胡乱改了个甚么阿猫、阿狗的名字,他才快活了,还拿这个话去回了总办请功呢。”

(清代吴研人《二十年目睹之怪现状》)

很显然,“阿猫、阿狗”并不实指猫和狗,也不指具体的哪个人或物,因此《现代汉语词典》解释为“泛指某类人或随便什么人(含轻蔑意)”。这大概由于猫、狗之类是生活中不稀奇、不珍贵的动物,因此在语言运用中常被作为毫无个性的代表。其他常见动物也常被附上“阿”缀,与其并列使用,如:

我一向是宽以待人的,把我的名字印错也罢,阿猫、阿狗、阿牛、阿羊……随便有个代号就行了。

(丛维熙《面对秋阳》)

“鸿雁”出名,便追来了海雁、鸣雁、大雁、虹雁;“阿咪奶糖”走红就冒出阿牛、阿狗、阿猪;“百雀羚”畅销引出了百羚雀、百羚鸽、百雀鸟、百雀灵……

(《人民日报》1994 年)

“阿猫、阿狗”的这一使用特点与现代汉语中的寓名“张三、李四”十分相似,并常常对举使用。唐宋以来,一般平民常以数目字作为自己的正名……“张”“李”等又是汉族姓氏中最为常见的,因此张三、李四成为人群中最普遍的代表也就不足为奇了。[1]

陆小凤少年成名，名满天下，可是在他听起来，却和张三李四，阿猫阿狗全无分别，这倒也是陆小凤从来没有遇见过的。

（古龙《陆小凤传奇》）

2. 老

甲骨文和金文中“老”形体如同一位背曲发长扶杖而立的老者，表达“年老”或“年长”的意思。王力(1980)认为，前缀“老”字就来源于形容词[2]，加在单音节动物名词前实现名词的双音节化，常见的有“老+亲属称谓”(老姊、老兄等)、“老+姓”(老元、老杜、老孙等)、“老+名、号或小字”(老可、老坡、老瞒等)、“老+表示人的职业、身份的名语素”(老圃、老师、老农等)等。

最早出现在动物词中的前缀“老”是“老鵵”。

《尔雅·释鸟》：“萑，老鵵。”郭璞注：“木兔也。似鸱鸺而小，兔头，有角，毛脚。夜飞，好食鸡。”

汉代文献中还有一例也值得关注。

汉代扬雄《方言》八：“蝙蝠，自关而东谓之服翼，或谓之飞鼠，或谓之老鼠，或谓之仙鼠。”

潘允中认为此处是前缀“老”，实则非然。《释名·长幼》：“老而不死曰仙。”古人认为蝙蝠是由“老而不死”之鼠变化而来的，故称“老鼠”，又叫“仙鼠”，不同于今天的“老鼠”。《抱朴子·内篇》：“百岁之鼠化为蝙蝠。”单音节名词“鼠”演变为附加式合成词是唐代的事情了。

老鼠入饭瓮，虽饱难出头。(唐代寒山《诗三首》)

官仓老鼠大如斗，见人开仓亦不走。(曹邺《官仓鼠》)

大虫老鼠，俱为十二相属，何怪之有！(唐代李肇《国史补》卷上)

清代翟灏《通俗编》：“老鼠与鼠别也，而世俗凡言鼠，辄云老鼠。据《南史·萧颖达传》，颖达骂约曰：我今日形容，正是汝老鼠所为。《幽明录》：有客诣董仲舒论五经，董疑其非常，谓曰：卿非狐狸，即是老鼠。《国史补》，韩退之曰：大虫老鼠俱

---

① 徐正考，周晓燕.“寓名”说略[J].社会科学辑刊，2011(2)：213-216.

② 王力.汉语史稿[M].北京：中华书局，1980.

为十二属。《传灯录》，雪峰谓元沙，此间有个老鼠子在浴室里。韩子苍诗，'穷如老鼠穿牛角'。皆已如今俗所谓。"①

动物词前缀"老"与飞禽类动物结合的情况远远多于其他动物，且在唐代以前的使用并不广泛，到了宋代以后，才比较常见。如：

【老兔】

老兔寒蟾泣天色，云楼半开壁斜白。（李贺《梦天》）

老兔自谓月中物，不骑快马骑蟾蜍。（苏轼《虎儿》）

【老鸦】

此是天上老鸦鸣，人间老鸦无此声。（顾况《乌夜啼》）

亦尝苦老鸦，鸣噪每切切。（梅尧臣《直宿广文舍下》）

【老虎，老大虫】

老虎穴中卧，猎夫不敢窥。（苏辙《湖阴曲》）

彝叔赴召时，有华山道人献诗曰："北蕃群犬窥篱落，惊起南朝老大虫。"（陆游《老学庵笔记》卷三）

眈眈老虎底许来，抱石踞坐何雄哉。（王恽《赵邈龊虎图行》）

【老鹤】

老鹤高飞，一枝投宿，长笑蜗牛戴屋行。（辛弃疾《沁园春·再到期思卜筑》）

【老蟆】

老蟆食月饱复吐，天公一目频年瞽。（元好问《蟾池》）

【老枭】

老枭既夜遁，直捣临安。（宋濂《潜溪集》）

【老鹰】

妖精也认不得是行者变的，只以为虫儿，用小指挑起，往下一弹。行者见事不谐，料难入他腹，即变做个饿老鹰。（《西游记》第八十二回）

到家开门进屋，他兄零地，看见兄弟背着个大鸨鸟，尖头秃尾，宛似一只老鹰。（《东游记》第七十四回）

---

① 朱茂汉．名词前缀"阿"和"老"的形成和发展[J]．安徽师大学报（哲学社会科学版），1983(4)：88-89．

【老鸹】

觅汉去不一会,从外边拿着一个黢黑傻大的铁嘴老鸹……(清代西周生《醒世姻缘传》第五十八回)

众人笑道:"这更奇了！天下老鸹一般黑,岂有两样的。"(清代曹雪芹《红楼梦》第五十七回)

宋代以前动物词中的前缀"老"在感情色彩上一般是中性的,元代以后随着通俗文学的兴盛,"老"缀也渐渐带上了戏谑、詈骂的意味。以《金瓶梅》为例,就有下面的例子。

郓哥道:"贼老咬虫,没事便打我。"(兰陵笑笑声《金瓶梅》第四回)

你这老咬虫,女生外向,怎一头放火,又一头放水?(兰陵笑笑声《金瓶梅》第七回)

再如"老狗、老猪狗、老鸨"等。

3. 子

"子"是最早形成的名词后缀。① 实义的"子",先秦时期就经常放在指人的名词后,如"男子"(儿子)、"夫子""舟子"之类,用在动物名词后稍晚,一般表达两类含义:①幼小的动物(多为畜类),如"狼子""龙子""虎子""狗子""鹤子""蚕子"。②动物(多为禽类),如"鱼子""鸡子""燕子""鹅子"。关于后缀"子",学者们一般认为是由小称的"子"发展而来的,对于产生年代的认识有所不同,孙锡信(1992)主张汉魏以后已虚化为词缀②,王力(1980)认为后缀"子"的应用始于魏晋,盛于中古③,萧黎明(1997)根据郭璞《尔雅注》《方言注》认为早在郭璞生活的时代"子"缀已经产生了。④ 三家所举例证皆有着商榷之处,太田辰夫主张动物词中"子"缀的使用在唐代以前就已经开始⑤,大体是可信的。如:

妻尝妒,乃骂秀为貉子。(《世说新语·惑溺》)

答言:汝今见此地中蚁子不耶?对曰:已见。(《法苑珠林》卷三十九)

---

① 太田辰夫. 中国语历史文法(修订译本)[M]. 北京:北京大学出版社,2003.

② 孙锡信. 汉语历史语法要略[M]. 上海:复旦大学出版社, 1992.

③ 王力. 汉语史稿[M]. 北京:中华书局,1980.

④ 萧黎明. 从郭璞注看名词"子"尾的产生[J]. 中国语文,1997(4):314.

⑤ 太田辰夫. 中国语历史文法(修订译本)[M]. 北京:北京大学出版社,2003.

时聚落中有一猫子。闻彼有鸡,便往趣之。(《法苑珠林》第五十四卷)

作为词缀使用的“子”已经失去“小”义,见于飞禽、家畜、走兽、昆虫等各类动物名称中。先秦汉语中的动物单音词,加“子”缀后保留其原来的意义,克服了汉语复音化后不能独立成词或使用环境受限的不足,实现了由不自由或半自由的单音词向自由的复音词的转型。唐代以后大量出现在口语性文献中。如:

汉发兵用铜虎符。及唐初为银兔符,以兔子为符瑞故也。(张鷟《朝野佥载》)

卷帘燕子穿人去,洗砚鱼儿触手来。(韩偓《韩内翰别集》)

鹞子趁鸽子,飞向佛殿栏干上颤。(普济《五灯会元》)

侯公公道:“你怕人骂你做山猴子日的么?”洪公公道:“你在咱门下做个干儿子罢。”(罗懋登《三宝太监西洋记通俗演义》第五十四回)

动物词中的后缀“子”除了大量的具中性色彩外,还有一些颇耐人寻味的色彩。如:

【驴子】

他人骑大马,我独跨驴子。(王梵志《他人骑大马》)

师呵呵大笑云:“我三十年弄马骑,今日被驴子扑。”(静、筠禅僧《祖堂集》卷七)

师曰:“三脚驴子弄蹄行。”曰:“莫只这便是么?”(普济《五灯会元》卷十九)

【蜂子】

于时忽有一蜂子飞上十娘面上,十娘咏曰:“问蜂子:蜂子太无情,飞来蹈人面,欲似意相轻?”(张鷟《游仙窟》)

真君笑道:“你再要说甚么,我还叫大蜂子螫你那边的嘴哩。”(西周生《醒世姻缘传》第二十九回)

与后缀“儿”所表达的喜爱、亲昵的感情色彩相比,“子”的戏谑、排斥甚至是厌恶的情感较为明显,特别是在现代汉语中,如“兔崽子”“狗腿子”“幺蛾子”等。

在现代汉语中,哪些动物可以带“子”缀没有明显的规律性。王光全(2009)认为“子”有指小的倾向。如,在家禽这个系列里,鹅最大,不能用“子”尾化,鸡、鸭相对小些,均能用“子”尾化,如鸡子、鸭子。毒虫系列中,蛇大,蝎小,故有“蝎子”无“蛇子”。在野生动物这个聚合中,象、熊、虎、鹿个头都较大,无“子”尾;个头小点儿的,豹子、麃子、狍子、獐子、猴子、貉子、狸子、兔子、耗子都有“子”尾。此外,

“子”尾有选择单音语素的强烈倾向,“蚂蚁”“臭虫”等虽然小,也不能用“子”尾化。在鸟类这个集合里,雁、鹤、鹰不能用子尾化是因为它们在这个集合里属于较大者;麻雀小,不能“子”尾化,是因为它是双音节;鸽、燕形体小,又是单音节,故可用“子”尾化,如鸽子、燕子。在昆虫系列里,蜻蜓、蝴蝶为大者,又不是单音节,不能用“子”尾化。虫、蚊、蝇、蜂为小者,又是单音节,皆能用“子”尾化,如虫子、蚊子、蝇子、蜂子。①

王光全也指出上述规律也有可以质疑的地方,如在野生动物这个集合中,狼小而豹大,但可以说“豹子”,不能说“狼子”。虎、狮形体差不多,而狮能用“子”尾化(狮子),虎就不行。猫、狗属于同一系列,猫小狗大,却都不能用“子”尾化。对此,我们基本同意王光全的观点,即“子”具有构成动物复音词的作用,但对于其在现代汉语中指“小”功能的遗留程度,还有待探讨。针对上述结论解释力不足的情况,从语言发展的角度,联系动物词自身的特征,或许可以给出更多值得参考的思路。

【鹅子】文献中“鹅子”使用频率很低,要么表示鹅卵,要么表示幼鹅。为什么现代汉语中有“鹅”无“鹅子”呢? 王光全认为这是因为鹅与鸡、鸭相比,身型体积较大。对此,似乎还可以从造词思维的角度来理解。周荐(1995)曾指出两个语素搭配成词时,要尽量避免所选择的语素与已有词的语素在语音形式上雷同。如,鸡的胸脯(肉)说“鸡脯”,不说“鸡胸”,因为人胸部的疾患已有“鸡胸”来称说。② 从语音的角度出发,“鹅”与“蛾”同音,“蛾子”的使用在一定程度上抑制了附加式“鹅子”的产生,且按照王光全所说,体积小的动物较大的动物更易用“子”尾化的观点来推理,“蛾”比“鹅”更具用“子”尾化的优势。

【狼子、狗子、虎子】《汉语大词典》:“狼子,狼崽子。比喻凶暴狠毒的人。”在北京大学中国语言学研究中心——CCL 语料库(古代汉语)以“狼子”为关键词进行检索,截至 2012 年 12 月 31 日得到语料 158 条,除了 8 例表示“狼崽子”之外,其余 150 例使用的均为引申义——“凶暴狠毒的人”。在这 150 例中,词典释义 2 例,作为地名构成要素 2 例,与“野心”直接搭配的有 123 例,与“兽心”“野性”“是心”

① 王光全. 构词域与后缀“-子”的语义问题[J]. 世界汉语教学,2009,23(3):379-390.

② 周荐. 复合词构成语素的选择[J]. 中国语言学报,1995(3):46-54.

“之心”组合的有7例,联系上下文可以判定其余16例使用的都是引申义,统计表见表3.1。

表3.1 统计表

内容	条目数	百分比/%
“狼子”(狼崽子)	8	5.1
“狼子野心”	123	77.8
“狼子兽心”“狼子野性”“狼子是心”“狼子之心”	7	4.4
“狼子”(比喻凶暴狠毒的人)	16	10.1
词典释义	2	1.3
构成地名	2	1.3
总计	158	100

谭景春(1998)认为,名词所指的事物都具有一定的性质义,具体名词,特别是指物名词有较强的附加性质义,用含有这种附加性质义的甲物来形容乙物,就说明乙物像甲物那样具有这种附加性质义。如果把事物和性质看作词义的两极,当名词的事物义强时性质义就弱,反过来,当性质义强时事物义就弱。① 上述158例“狼子”中,表达事物义的“狼崽子”仅占5.1%。可见,“狼子”一词进入交际之初就由事物义衍生出了性质义,而这种通过比喻的方式产生的性质义一旦进入交际,就有了优先实现权,使人将性质义作为该词的核心意义去理解和应用,使其事物义受到相当大的抑制。因此,很难再形成与单音词“狼”对应的附加式的“狼子”便不难理解了。

“狗子”“虎子”与“狼子”的情况类似。称“狗”为“狗子”在宋代佛语录、明代小说中已很常见。清代小说中,“狗子”常作为詈词使用,用来指称行为不端、身份低贱的人,如:

真教沙员外骂出来了:“我的女儿,焉能配那狗子!”(石玉昆《小五义》)

那两个小将拍马赶来,骂道:“野狗子,你敢来冲犯爷爷么?看枪!”(佚名《呼家将》)

① 谭景春.名形词类转变的语义基础及相关问题[J].中国语文,1998(5):368-377.

“狗子”身上所携带的“卑贱、不体面”的性质义在清代便形成了。文献中，“虎子”表达“虎仔”之义，多用于“不入虎穴，焉得虎子”（《后汉书·班超传》）这一固定结构中，这一俗语深入人心，固化了人们思维中对“虎穴”和“虎子”的理解。人们一般不会直接理解为不进老虎的洞穴，怎能捉到老虎的崽子，而是用来比喻不亲历险境就不能有所斩获或获得成功。这样，“虎子”的性质义便取代了事物义成为核心词义。现代汉语中无附加式合成词“狗子”“虎子”也就可以解释了。

【狮子】本作师子，又名狻猊。《尔雅·释兽》：“狻猊，如虦猫，食虎豹。”郭璞注：“即师子也，出西域。”《穆天子传》：“狻猊日走五百里。”汉顺帝时疏勒王献狮子，《汉书·西域传·乌弋山离国》：“乌弋有桃拔、师子、犀牛。”东汉荀悦《汉纪·武帝纪三》：“乌弋国去长安万五千三百里，出狮子、犀牛。”无论是师子国，还是乌弋国，都是西域地区的国家，即今天的斯里兰卡一带。《新唐书》：“师子居西南海中，延袤二千余里……能驯养师子，因以名国。”关于“狮子”的语源，各方解释不一。谢弗据蒲利本研究，指出“师子”一词为原始印欧语言中吐火罗语 sisäk 的音译，自章和元年月氏贡狮，翌年安息再贡，师子一词即不胫而走，成为一种妇孺皆知的瑞兽。① 潘允中先生转引罗常培的《语言与文化》解释说：法国汉学家高体越（Henri Gauthiot）认为“师子”来自粟特语，清代文廷式在《纯常子枝语》中说，“狻猊”来自梵语。② 由于偏旁的类化，写作狮子。显而易见，作为音译外来词的“狮子”是个单纯词，并不存在含有词缀的问题。将“师子”或“狮子”作为“子”缀例证显然是不妥的。③

语言始终是处于发展变化中的，对于语言现象的考察不能局限于现代汉语，更不能局限于普通话。如普通话中一般不说“猪子”“羊子”，但这种说法却存在于江苏如皋方言中。④ 湖南宜章新田土话中有“鱼子（鱼）”“雕子（鸟）”“牛子（小牛）”

① 张之杰. 狻麑、师子东传试探［J］. 中国科技史料，2001(4)：363-367.

② 潘允中. 汉语词汇史概要［M］. 上海：上海古籍出版社，1989.

③ 孙锡信的《汉语历史语法要略》和萧黎明的《从郭璞注看名词“子”尾的产生》中都有以“师子”为附加式例证的情况。

④ 陈千百. 四川泸州方言名词后缀深度研究［J］. 泸州职业技术学院学报，2009(1)：59-62.

的说法①,山东莱芜方言中有“家雀子(麻雀)”“蝎虎子(麻雀)”的说法②,也是普通话中见不到的。

4. 儿

王力认为后缀“儿”产生于唐代③,依据佛经语料,竺家宁发现“儿”后缀在东汉已经出现,六朝时期已普遍使用于口语当中。但其出现在动物合成词中则是唐宋以后的事情,这说明“儿”后缀的动物性功能,较为后起。④ 含后缀“儿”的动物合成词在唐代佛经和口语性强的诗文中比较常见,如:

梦见达虫师子虎狼猪狗所趁。驼驴猫儿及鬼野干。(《苏婆呼童子请问经》)

撑却鹞子眼,雀儿舞堂堂。(寒山《寒山子诗集》)

骅骝将捕鼠,不及跛猫儿。(寒山《寒山子诗集》)

打起黄莺儿,莫教枝上啼。(金昌绪《春怨》)

宋代以后的口语体文献中,“鸡儿”“虫儿”“狗儿”“猪儿”“雀儿”“蛆儿”“牛儿”“特牛儿”“石牛儿”“犀牛儿”“牸牛儿”“鸭子儿”“麒麟儿”“老鼠儿”之类的动物词出现频率更高。如:

金毛狮子一滴乳,迸散驴儿乳十斛。(《圆悟佛果禅师语录》)

王楼前獾儿、野狐、肉脯、鸡。(孟元老《东京梦华录·卷二》)

话毕,慌忙分付庄客,推个车儿,牵个马儿,带个驴儿,一伙子将细软家私搬去。(冯梦龙《喻世明言》)

不多会子,就禁獐儿兔儿狐儿狸儿,乱着奔窜出来。(陆士谔《清朝秘史》第一回)

猎了一镇日,众皇子回宫复命,獐儿、兔儿、雉儿、雀儿,都有献纳。(陆士谔《清朝秘史》第六十七回)

“儿”缀动物词带有喜爱的感情色彩。与普通话的“猴子”“狗”对应,如皋方言

---

① 赖小燕. 湖南宜章新田土话名词词缀研究[J]. 湖南医科大学学报(社会科学版),2008,10(4):226-227.

② 吕晓玲. 莱芜方言词缀研究[J]. 山东省经济管理干部学院学报,2001(1):124-126.

③ 王力. 汉语史稿[M]. 北京:中华书局,1980.

④ 竺家宁. 中古汉语的“儿”后缀[J]. 中国语文,2005(4):346-354,384.

有“猴儿”“狗儿”的说法。[1] 中古以后的诗文中经常将附加式动物词对举或连续使用，如：

细雨鱼儿出，微风燕子斜。（杜甫《水槛遣心二首》）

如猫子狗儿相似，饥便求食，困便思睡。（朱熹《朱子语类》第三十一卷）

师曰：“獾儿貉子。”（普济《五灯会元》第十一卷）

海曰：“灯笼露柱，猫儿狗子。”（普济《五灯会元》第二十卷）

从以上的例子可以看出，“儿”和“子”跟在单音节名词后做词尾，作用和意义相似，没有严格的选择。

3.4 小　结

词是思想和物质的统一，原本词和它所标志的事物并无必然的联系，所以同一事物可能有两个以上的名称，但无论用什么名称来标志某种事物总能体现出造词活动中人们思维活动的特点。在形象思维和直觉思维占主导的社会阶段，先民对自然界的认识尚处在蒙昧的初级阶段，因此出现了通过摹拟声音来为动物命名的现象。随着社会的进步和人类思维能力的发展，人们越来越多地注意到动物与外界事物的联系，将一些抽象概念和具体的动物联系在一起，进而衍生出新的动物词。语言是与社会同步发展的，相比新造单纯词，用语素合成的方式来创造新词既节省了造词的建筑材料，又适应了汉语音节复音化的趋势，这也体现了造词活动中人们已经充分发挥了抽象思维的作用。为动物命名的前提是对动物的认知，而这种认知往往是建立在动物的声音特质、身形体态的基础上，动物词造词法从拟音、衍生到合成的演变体现了人类的思维从具象向抽象的发展。拟音造词的使用范围有限，衍生造词的难度较大，因此能产性都不高。合成造词按照语法规则或修辞关系将已有的语言材料组织起来，从古到今，广泛应用。合成造词的结果是，词汇系统中出现了大量的合成词，并渐渐成为词汇系统最重要的组成部分。

---

① 陈千百. 四川泸州方言名词后缀深度研究[J]. 泸州职业技术学院学报，2009(1)：57.

第4章　动物词构词法

甲骨卜辞中的动物词已经很丰富了，其中既有已被驯化的家畜，也有与人们生活密切相关的寄生动物；既有作为捕猎和渔猎对象的野生动物，也有具有灵异色彩的传说中的动物。“牛”“马”“羊”“豕”等常见的家畜，还根据年龄、性别、毛色等拥有不同的名称。随着社会的发展，动物词的数量越来越多。

甲骨文中，除了人名、地名及专有名词外，作为普通词来说，几乎没有双音复合词。① 在西周金文里，复音词已开始出现，先秦文献中有很多复音动物词，如“玄鸟”（《诗经·商颂》），“桃虫”（《诗经·周颂》），“凤凰”“赤豹”“鲜鱼”“飞虫”（《诗经·大雅》），“鸿雁”“黄鸟”“白驹”“青蝇”“鸳鸯”“螟蛉”“狐裘”（《诗经·小雅》），“蟋蟀”“狐狸”“羔羊”“苍蝇”“硕鼠”“鱼网”（《诗经·国风》），“犁牛”（《论语》），“蝼蚁”“虮虱”“豺狼”“畜生”“六畜”“马蹄”“狗矢”“牛车”“牛屎”（《韩非子》）等。战国以后，人们对动物的颜色、功能的认识越来越多地以复音词的形式体现出来，如“骊马”（《墨子·小取》），“黄犊”（《韩非子·内储说上》，“骊牛”“黄马”（《庄子·天下》），“黄牛”《史记·秦本纪》，“黄犬”（《史记·李斯列传》），“骐骥”（《荀子·劝学》），“守犬”“田犬”（《礼记·少仪》），“猎犬”（《论衡·效力》），“猎狗”（《史记·淮阴侯列传》）等。唐代以后的通俗体文献中广泛涌现出“老兔”“老鸦”“貉子”“鹞子”之类的附加式动物词。

除了名词，动词性动物词也渐渐产生，如“虎视”（《周易》），“蛇行”（《战国策》），“蚕食”“畜养”（《韩非子》），“雀跃”“蚁行”“鹊起”（《庄子》），“狐疑”（《楚辞》）等。中古时期动物性动物词的数量继续增长，如“蜂起”（《史记》），“鼠窜”（《汉书》），“鹄立”（《后汉书》），“鸠合”（《三国志》），“鹄望”（《晋书》），“鸠集”

① 参见陈梦家. 殷墟卜辞综述[M]. 北京：中华书局，1988.

(《后汉书》),“鲸吞”“狐媚”(《唐诗》)等。

酝酿于上古,发展于中古,广泛应用于近古的三音词大大增加了汉语词汇的容量,提高了构词方式的灵活性。杨爱姣指出,在近代汉语时期,三音词敏感反映出社会物质系统、行为系统及精神系统的剧烈变动与更新,有力地揭示了语言内部音、义矛盾斗争通过增加词的长度才得以解决的现象,并雄辩地证明了近代汉语口语体逐步替代文言书面体的弃雅从俗的事实。①

汉代以前的三音动物词数量有限,有“海鸥鸟”(《世说新语》),“比翼鸟”(《山海经》),“枳首蛇”“两头蛇”(《尔雅》),“三足乌”(《论衡·说日》),“三足乌”(《史记·司马相如列传》),“鸟虫书”(《说文解字·叙》)等。后世则层出不穷,如唐代的“薰胡鸟”“鹄鹄师”“鸿娘子”“碧玉鸡”(《敦煌变文集·百鸟名》)、“白额虎”(《唐诗》)等,明代的“梅花鹿”“白颈乌”“白虎星”“白头翁”“鹅卵石”等,清代的“白蜡虫”“白斩鸡”“鹅蛋脸”“石冷鱼”“凤尾鱼”等。

作为词汇系统重要组成部分的动物词,其音节数量的演变过程与汉语词汇发展的总趋势是一致的,即甲骨文阶段以单音为主,战国以后复音词数量渐渐增多,汉代数量大幅度增长,使之成为中古以后最主要的词汇形式,近代以来三音词的广泛使用进一步充实了汉语动物词系统。对于汉语动物词的构词法研究,我们重点关注的是复音词构词法。复音动物词具有灵活多样的构词方式,其中多数是合成词,少数是单纯词。

4.1　合成动物词

4.1.1　合成动物词的判断标准

汉语中大多数合成词的构成方式与短语相同。王力在《词和仂语的界限》一文中说:“必须承认,词和仂语之间没有绝对的界限。”特别是在汉语复音化的过程中,一些复音结构的短语逐渐浓缩成词,在这个过程中,一些尚未凝固的短语常被

① 杨爱姣.近代汉语三音词发展原因试析[J].武汉大学学报(人文社会科学版),2007,53(4):568-571.

误认为是合成词,因此划分合成词和短语是困难的。结合汉语词汇发展的特点和依据具体的文献材料,学者们提出了一些划分词和词组的标准。程湘清(2003)指出划分词和词组应从语法结构、词汇意义、修辞特点、出现频率上进行区别。① 徐正考(2004)认为:"几个成分组合后,组合体的意义不是几个成分的意义的简单相加,而是融合在一起,形成一个完整的、单一的意义,这个组合就是复音词。"②,程湘清所说的"词"和徐正考所说的"复音词"指的就是合成词。确定合成动物词的标准如下:

两个或两个以上成分的组合体,如果其整体意义不是单个成分意义的简单相加,而是各个成分的意义融合到了新的意义之中,那么,这样的组合是合成词。如王充《论衡》:"晋之二卿,熊罴之裔也。吞燕子、薏苡、履大迹之语,世之人然之,独谓瑞有常类哉?""燕子"即燕卵,此义在现代汉语中已无。"子"在古代指儿女。《玉篇·子部》:"子,儿也"。此处的"子"也指动物的卵。《礼记·内则》:"濡鱼,卵酱实蓼。"孔颖达疏:"卵,谓鱼子。"中古时期"子"虚化为词缀后,"燕子"的含义也随之改变,如"归来展转到五更,梁间燕子闻长叹"。前者含义复杂,"燕"+"子"=燕之子(燕卵),后者的含义单一,燕。因此前者为短语,后者为合成词。再如"蟋蟀"和"草"都是词,但"蟋蟀草"并非二者的含义简单相加,而是指"一种用来逗蟋蟀的草",含义简单而具体,因此"蟋蟀草"为合成词。

两个同义或类义成分组合后,选取了它们共同的意义属性作为组合体的意义,或通过对其共有的特征进行联想而创造出了新的比喻义,这样的组合是合成词。比如:"麒麟"是中国古代典籍中经常提到的一种动物,与凤、龟、龙共称为"四灵",麒麟的首似龙,形如马,状比鹿,尾若牛尾,背上有五彩毛纹,传说中是神的坐骑,古人把麒麟当作仁兽、瑞兽。雄性称麒,雌性称麟,《说文解字》:"麒,仁兽也,麋身,牛尾,一角。""麟,大牝鹿也。"语言中将"麒"和"麟"组合在一起取其同,略其异,用来比喻杰出的人才。《晋书·顾和传》:"和二岁丧父,总角便有清操,族叔荣雅重之,曰:'此吾家麒麟,兴吾宗者,必此子也。'"再如"鸡鹜",在实际的语言运用中一般并不是指实义的鸡和鸭,而是常常跟凤凰、孔雀等有积极寓意的动物对比使用,

① 程湘清.汉语史专书复音词研究[M].北京:商务印书馆,2003.

② 徐正考.《论衡》同义词研究[M].北京:中国社会科学出版社,2004.

用来比喻奸佞小人或平庸的小人物。有时也因其为常见家禽而用来指赠送的礼品或餐桌上的食品。如《楚辞·九章·怀沙》："凤皇在笯兮，鸡鹜翔舞。"汉代王逸注："言圣人困厄，小人得志也。"宋代曾巩《应举启》："仰遵旧礼，敢忘桑梓之恭；辄进曼辞，庶当鸡鹜之贽。"清代王夫之《读通鉴论》："庖人之于鸡鹜，唯其操鸾刀而割之也。"

两个都有词汇意义的成分，其中一个对另外一个起修饰或限制的作用，如果意义单一，结合紧密，不能扩展，这样的组合就是词。比如："人鱼"，《史记·秦始皇本纪》："以人鱼膏为烛。"《集解》引徐广曰："人鱼似鲇。四脚。"《正义》引《广志》云："鲵鱼声如小儿啼，有四足，形如鳢。""人鱼"的造词理据当为"某些特征似人之鱼"，意指该动物有足且叫声像孩童的啼哭声。从构成上来看，前语素修饰后语素，结合紧密，不能扩展，是典型的合成词。科学意义上，"人鱼"并非是鱼类，而是哺乳动物的一种（与"鲸鱼"类似），称之为鱼是人们造词时的错误理解。

依据上述标准，在广泛搜集历代动物词的基础上，将其构词法分为偏正式、并列式、动宾式、主谓式、前置式、后置式。

4.1.2　合成动物词的类型

1. 偏正式

偏正式合成词中的两个语素之间是修饰和被修饰的关系，一个语素起修饰、限制的作用，另一个语素是全词的中心。就汉语词汇系统整体而言，在先秦两汉阶段，偏正式构词法不如并列式构词法应用广泛，但汉语词汇在发展过程中，偏正式合成词层出不穷，并渐渐成为能产性最高的一种构词法。基于动物词义与现实中的具体事物密切对应的特点，无论是古代汉语还是现代汉语，动物词构词法中能产性最高的就是偏正式。

甲骨卜辞中出现了"牛臣""多马""多犬"的说法，陈梦家认为分别为司牛、司马、司犬之官。① 这是可以找到的最早的偏正式合成动物词的用例。后世文献中偏正式动物词渐渐崭露头角，如"苍蝇""羔羊""黄鸟""白驹""青蝇""赤豹""鲜鱼""飞虫"（《诗经》），"犁牛"（《论语》），"马蹄""狗矢"（《韩非子》），"鸡子""野

① 陈梦家. 殷墟卜辞综述[M]. 北京：中华书局，1988.

猪”(《论衡》),“狡兔”“良犬”《焦氏易林》,“鲤鱼”“羊肉”“鱼官”(《吕氏春秋注》),“飞鸟”“白羊”“生鱼”“牛屋”“犀柄”“麈尾”“鲈鱼”(《世说新语》),“鱼人”“蚕家”“象牙”“鲤鱼”(《敦煌变文集》)。偏正式动物合成词多数为“偏语素+正语素”的格式,也有“正语素+偏语素”的情况。偏正式构词法内部修饰限制关系最复杂,形成的名词最多,且以“名+名”式最多,绝大部分是向心结构。语义类型上,可以做如下分类。

(1)领有者+所属者。

“领有者”是指可以生出其他事物或为其他事物所附着的动物,“所属者”表示该动物所生出或附丽的事物或现象。

动物+器官,如熊掌、兔唇、蛇足、鹿角、鸭颈、鸡腿、蝉壳、鱼鳞、牛毛、蚕蛹、鲍鱼、羔皮、鸟羽、羊蹄、鸡卵、牛角。

动物+动物所生成或产生的事物或现象,如蛛网、蚕丝、蝉蜕、蛇蜕、牛黄、驴胶、犬屎、马粪。

动物+身体部位或方位名词,如鸡头、凤尾、鸢尾、乌头、龟头、猴头、龙头、蝇头、牛后、马上。

动物+提取物,如蚝油、鸡精。

(2)处所+动物。

“处所”是指动物所生长、活动的地方,“动物”指生长、活动于该处所的动物。

自然环境+动物,如泥鳅、山猫、桑虫、土蜘蛛、草蜘蛛、盆龟、山龟、泽龟、水龟、火龟、天牛(能在天上飞的,牛形的昆虫)。

动植物+寄生于该动物或植物的生物,如狗蚤、牛虻、棉蚜、衣鱼、衣蛾、李实蜂。

(3)动物+处所。

“动物”指生长、活动于某处者,“处所”是指动物所生长、活动的地方,如虎穴、马厩、蜂巢、狗窦。

(4)形状+动物/事物。

“形状”是用来描述动物或其他事物的典型特征的词语,“动物/事物”是指具有该形状或特征者。

以某物之形来状动物之形,以揭示其特质,如板鸭、带鱼、瓢虫。

以某动物之形来状另一动物之形,如燕鸻、驼鹿、狗鱼。

以某动物之形比况其他物体的形貌，如鱼雷、蝶骨、驼背。

(5)动物+工具。

“动物”是被役使的对象，“工具”指用来役使该动物的物品，如鸟枪、马鞭、鱼梁。

动物+喂养物，如鱼饵、鱼虫、狗食。

(6)事务+动物/人。

“事物”表示动物的活动所涉及的事物，“动物”指发生该活动的主体，如鱼鹰、鱼狗、鸡人、犬人。

(7)品质+动物。

“品质”是对动物的等级、成色的评价，“动物”是被评价的对象，如良马、劣马、宝马、驽犬。

(8)颜色+动物。

“颜色”是动物的外在色彩的概述，“动物”是被观察的对象，如棕熊、墨鸦、黄蜂、白豹、白虎、黑虎、白狐。

(9)动物+颜色。

“动物”本身或其身体部分及生成的物品是用来观察和描述颜色的参照物，如鱼白、蟹青、猩红、鹅黄、鼠灰、鸭头绿、鸡血红、鸭蛋青、鱼肚白、鹦哥绿，再如鸭黄，即孵出不久的小鸭，身上有淡黄色的氄毛，故称。元代夏文彦《图绘宝鉴》卷四：“曾宗贵，钱唐人，善画。尤长写生，鸡雏鸭黄，最有生意。”

(10)质料+动物。

“质料”是指制成某事物的原材料，“动物”是指形成的物品，如铁牛、铁鸟、木马、木鱼、竹马。

(11)时间+动物。

“时间”是对动物主要活动时间的说明和限定，“动物”是活动在这一时间内的，如夜蛾、春鳸、夏鳸、秋鳸、冬鳸。

(12)大类名+小类名。

“大类名”是种概念，“小类名”是属概念，如鸟乌、虫蝗、鱼鲔。

(13)小类名+大类名。

从语法上看，“小类名”是修饰成分，“大类名”是中心成分，但从语义上看“小类名”是表义，如羔羊、鲈鱼、牂羊、凤鸟、麇鹿、蝮蛇、蝗虫、驹马。

（14）动作+动作的发出者。

“动作”表示经常性、典型性的行为，“动作的发出者”表示发出这一动作的主体，如飞龙、跳虫、蛀虫、脱兔。

“动作”表示使人受益的行为，“动作发出者”指提供这一功用的动物，如猎狗、驮马、战马。

“动作”表示某种行为带来的影响，“动作发出者”表示产生这一影响的主体，如害兽、害虫。

（15）动物+动作/性状。

“动物”表示发出动作的主体，“动作/性状”指用动物的相关行为方式来比况人，如燕语、牛饮、蚕食、燕集、虎视、狼噬、蚁合、狼抗、狐疑、蝉联、蝉蜕、蜂聚、蜂起、蜂拥、龟缩、鸟瞰。又如马趴，犹马爬。“摔个大马趴！马趴没摔好，摔个仰巴脚。”（《当代》1984年第5期）

（16）动作/性状+动物。

①“动作/性状”是核心成分，“动物”是“动作”的支配对象，如：

【立马】骑在站立不动的马上；马上。

【上马】骑上马背；比喻某个重大工程项目或工作开始进行；指领导者、指挥者上任。

②运用比喻的方式对“动作/性状”进行补充说明。如：

【扑虎儿】像虎一样向前扑跌两手着地的动作。

【藏猫儿】儿童互相躲藏寻找的游戏，一方像猫似的隐藏起来，另一方寻找。

从词性的角度看，偏正式复音词以名词的为主，动词、形容词的占少数，也有构成连词的情况，从构成复合词的两个语素的词性看，有如下情况：

【名+名→名】鲸鱼、羊羔、鱼鹰、鱼狗、鸟枪、马鞭、山猫、带鱼。

【形+名→名】良马、白豹。

【动+名→名】飞龙、跳虫、战马、害虫、扑虎儿、藏猫儿。

【名+动→名】马趴。

【名+动→动】燕语、牛饮。

【名+形→形】鱼白、蟹青、猩红、鹅黄。

【动+名→副】立马。

【名+名→副】马上。

2. 并列式

关于汉语词汇复音化的过程,从造词的角度来分析,一般认为复合词是由最初的语音构词发展到语法构词的产物。董秀芳(2002)认为复合词的来源主要是短语、句法结构和跨层结构。并列式复合词的两个语素是平等并列的关系,语法上无主次之分,意义上密切相关。一般认为,并列式复合词往往是由短语词化而来的,短语形式在转化为词的形式时,原句法关系已不再存在,而是改换成词内部的结构关系。①

针对并列式复合词与并列短语区分困难的实际情况,丁喜霞(2005)指出:“通过句法途径产生的词,如由短语凝固而来的词,存在一个短语性逐渐降低、词汇性逐渐增强的过程,会出现对词和短语认定的困难,可以通过考察其词汇属性的多少、组合成分间在意义和结构上的融合性,进行双音短语和双音词的划分。”也就是在区分的过程中要考虑意义上的高度加合性和结构上的不可分割性。从理论上讲,根据短语属性的逐渐降低和词汇属性的逐渐加强,可以把短语和词之间的演变阶段(词化等级)分为四级:只有短语属性的典型短语、具有较多短语属性较少词汇属性的不太典型的词、具有较少短语属性较多词汇属性的比较典型的词、只具有词汇属性的典型的词。②

原型论者认为范畴由原型、其他成员及边界构成,“原型”是范畴的典型成员,具备该范畴的理想值,处于该范畴的中心。③ 对于传统文献中的并列式动物词,我们选取其中的“原型”,即典型的词和较典型的词作为研究对象。并列式合成动物词在先秦时期的数量不及偏正式合成动物词,但已经初露端倪,如“鸿雁”“凤凰”(《诗经》),“虎兕”(《论语》),“兕虎”(《老子》),“蝼蚁”“虮虱”“豺狼”(《韩非子》)等。到了中古时期并列式动物词发展到了一个新的阶段。

① 董秀芳. 词汇化:汉语双音词的衍生和发展[M]. 成都:四川民族出版社,2002.

② 丁喜霞. 中古常用并列双音词的成词和演变研究[D]. 杭州:浙江大学,2005.

③ 俞建良,黄和斌. 原型范畴理论的缺陷与不足[J]. 外语学刊,2008(2):36-39.

(1)并列式动物词的语义类型。

①同类动物的不同小类的并列。

【狗犬】《尔雅·释畜》:"未成豪,狗。"《曲礼》疏云:"通而言之,狗,犬通名。若分而言之,则大者名犬,小者为狗。"可见,"狗""犬"浑言同,析言别,可以看作同义词。

【鲸鲵】比喻凶恶的敌人。鲵,雌鲸。《文选·左思〈吴都赋〉》:"长鲸吞航,修鲵吐浪。"刘逵注引杨孚《异物志》:"鲸鱼,长者数十里,小者数十丈,雄曰鲸,雌曰鲵。"。《左传·宣公十二年》:"古者明王伐不敬,取其鲸鲵而封之,以为大戮。"杜预注:"鲸鲵,大鱼名,以喻不义之人吞食小国。"

【凤凰】古代传说中的百鸟之王。雄的叫凤,雌的叫凰。比喻地位高贵或德才高尚的人。汉代刘桢《赠从弟》诗之三:"凤凰集南岳,徘徊孤竹根。"

【鸿雁】鸿,大雁。《周易·渐》:"鸿渐于干。"李鼎祚集解引虞翻曰:"鸿,大雁也。"《诗经·大雅·鸿雁》:"鸿雁于飞,肃肃其羽。"毛亨传:"大曰鸿,小曰雁。"

【貔貅】貔,猛兽名,似虎。《尚书·牧誓》:"如虎如貔,如熊如罴。"徐珂《清稗类钞·动物·貔貅》:"貔貅,形似虎,或曰似熊,毛色灰白,辽东人谓之'白罴'。雄者曰貔,雌者曰貅,故古人多连举之。"六朝《梁书·本纪第一》上:"幕府总率貔貅,骁勇百万,缮甲燕弧,屯兵冀马,摐金沸地,鸣鞞聒天,霜锋曜日,朱旗绛寓,方舟千里,骆驿系进。"

②具有相似属性不同动物的并列。

【狼狈】狈是传说中一种似狼的野兽。唐代段成式《酉阳杂俎·毛篇》:"或言狼狈是两物,狈前足绝短,每行常驾于狼腿上,狈失狼则不能动,故世言事乖者称狼狈。"据李海霞(2002)介绍,今江西省南江乡有一种小兽叫掏狗子,面部似狗,体色多为麻黄色,善于蹦跳,常骑在狼的背上,与狼合作觅食,当地人将其称为"马狼",就是所说的"狈"。当它们遇到猎物如耕牛时,先由狈跳到牛背上,紧紧攀住牛屁股,然后用爪子掏出牛的肛门和肠子,迅速往树上缠,牛因剧痛而奔跑,肠子就越拉越长,很快毙倒。一般说来,牛在受到袭击后,总是用屁股去撞击树干或者墙壁,做以可怜的抵抗。在猎食的过程中,狈是附在狼背上的,万一遇人追赶,就很有可能一不小心掉下来,样子十分滑稽困窘。[1] 狼狈常用来喻指恶人,如唐代舒元舆《坊州按狱》诗:“门墙见狼狈,案牍闻腥臊。”狼狈还可以形容处境艰难窘迫,如《后汉书·任光传》:“更始二年春,世祖自蓟还,狼狈不知所向,传闻信都独为汉拒邯郸,即驰赴之。”

【狐狸】狐和狸本为两种动物,后合指狐狸。常喻奸佞狡猾的坏人。《后汉书》:“豺狼当路,安问狐狸!”

【莺燕】黄莺与燕子。泛指春鸟。唐代乔知之《定情篇》:“凫雁将子游,莺燕从双栖。”莺善鸣,燕善舞,旧亦用“莺燕”比喻一般女子或妓女。宋代李莱老《浪淘沙》词:“宝押绣帘斜,莺燕谁家,银筝初试合琵琶。”

【蟊贼】吃禾苗的两种害虫。《诗经·小雅·大田》:“去其螟螣,及其蟊贼。”毛传:“食根曰蟊,食节曰贼。”喻危害人民或国家的人。《诗经·大雅·召旻》:“天降罪罟,蟊贼内讧。”《后汉书·岑彭传》:“我有蟊贼,岑君遏之。”李贤注:“蟊贼,食禾稼虫名,以喻奸吏侵渔也。”

【龟虎】龟,龟印;虎,虎符。龟虎,借指官印,又刺史配金印虎符,因以龟虎表示刺史。唐代柳宗元《献弘农公五十韵以毕微志》:“龟虎休前寄,貂蝉冠旧行。”集注引韩醇曰:“龟,印也。卫宏《汉旧仪》:列侯、丞相、将军,皆黄金印、龟钮……虎,符也,汉文帝初与郡守为铜虎符。”

【豚鱼】豚和鱼。《周易·中孚》:“豚鱼,吉,信及豚鱼也。”王弼等注、孔颖达疏:“鱼者,虫之隐者也。豚者,兽之微贱者也。争竞之道不兴,中信之德淳著,则虽微隐之物,信皆及之。”多比喻微贱之物。《宋书·何承天传》:“则蒲亭虽陋,可比德于盛明;豚鱼微物,不独遗于今化。”

③动物和与其相关的其他事物的并列。

这类并列式动物词的两个语素一个表动物,另一个是与该动物有密切关系的其他事物,在某一领域二者联系紧密,往往同时被提到。

【虮虱】虱及其卵。比喻卑贱或微小。《韩非子·喻老》:“天下无道,攻击不休,相守数年不已,甲胄生虮虱,燕雀处帷幄,而兵不归。”晋代葛洪《抱朴子·吴失》:“笑虮虱之宴安,不觉事异而患等。”

---

① 李海霞.汉语动物命名研究[M].成都:巴蜀书社,2002.

【车马】意为驰骋游乐。《汉书·郊祀志下》:"愿明主时忘车马之好,斥远方士之虚语,游心帝王之术,太平庶几可兴也。"

【戎马】戎,兵器的总称;马,战马。①偏指战马。《汉书·刑法志》:"戎马四万匹,兵车万乘。"②借指军队。《宋书·武帝纪中》:"承亲率戎马,远履西畿,阖境士庶,莫不恇骇。"

有些动物常常被用作餐桌、祭台上的食品或祭品的原材料,这些动物名词可与其他食品或祭品组合成词。如:

【鸡黍】指招待宾客的饭菜。《论语·微子》:"止子路宿,杀鸡为黍而食之。"《北史·卢道虔传》:"(卢道虔)为尚书同寮于草屋下设鸡黍之膳,谈者以为高。"

【豚酒】猪肉和酒。泛指祭品。《后汉书·公孙瓒传》:"瓒具豚酒于北芒上,祭辞先人。"

(2)并列式动物词产生过程分析。

以往的汉语构词法研究中,一般将并列式复合词按照语义组合类型分为同义并列、类义并列和反义并列3种类型,并列式动物词既有同义并列也有类义并列。大概是由于并列式复音词与并列短语的划界较为困难,所以无论是关于并列式复合词的理论研究、断代研究还是专书研究,无一例外地将动物词语排除在外。

我们发现,有些并列式动物词语的成词机制与同义并列双音词基本是是一致的,丁喜霞(2006)说:"经过对大量同义并列双音词的成词和演变过程的考察,发现同义并列双音词的来源与类义并列和反义并列双音词不同,这类词是在汉语词汇双音化的驱动作用和同义并列构词法的类推作用下,启动联想机制,通过词法途径把两个意义相同或相近的单音词并联在一起构成的,不需要经过由短语到词的句法演变"①,这种提法实际上是否定了"由短语到词"的词汇化过程,对于动物词语而言,我们认为"词语的联想是并列复合词形成的心理基础"。②,而不否定短语是这类词的源头。正因为在构词的过程中充分发挥了"联想"的作用,因此并列式动物词语往往具备比喻义。比喻义不是词语出现之初就有的,而是语言使用和自身发展的结果。建立在形象分析基础上的联想是使比喻义固化的必经之路,是两

① 丁喜霞.联想构词:同义并列双音词的构成模式[J].周口师范学院学报,2006(1):122-126.

② 吕云生.论汉语并列复合词形成的条件与原因[J].古汉语研究,1990(4):8-11.

个认知域转移的基础。在这类词语的形成过程中，将具有相似特征的动物组合在一起，并对其共同特点进行引申，得到一个新的含义。

例如，当人们看到蛇、蝎子、蜜蜂、毒虫一类带有杀伤性的动物时，会自然想到它们身上所携带的毒液和毒刺，基于这一心理基础，人们通过联想将其反应在语言中便形成了并列式复合词“蛇蝎”“虫虿”。豺、狼、虎、豹、兕一类的猛兽令人望而生畏，其嗜肉的形象深入人心，建立在这些动物自身的生活习性与隐含意义之间的联想，将表示两种动物的名称组合在一起后形成的“豺狼”“虎狼”“虎豹”“虎兕”“兕虎”均可以表达“凶残的恶人”。

并列式动物词语凸显的不是动物的外形特征，而是动物在生活习性上的典型属性。由联想而产生的关联性实际上是指一个原型范畴对另一个范畴的限制，提取这些猛兽的“凶暴”含义后，它们身上所蕴含的其他意义便被抑制。这种关联性还会受到传统文化和社会习俗的影响。龟和凤都是古人心目中的神兽、瑞兽，因此“龟凤”就用来比喻贤人。《后汉书・蔡邕传》：“龟凤山翳，雾露不除，踊跃草莱，只见其愚。”李贤注：“龟凤喻贤人，雾露喻昏暗也。”

中古时期在复音化这个大潮流的驱使下，单音节动物词与跟它有共同联想意义的另外一个单音节词凝固在一起来共同表达一个比喻义。究竟哪些动物的名称可能通过上述途径形成并列式复合词呢？这与这种动物在人们心中的熟知度有关，也就是越耳熟能详的动物越容易产生比喻义，这也符合由简单到复杂，由具体到抽象的认知规律。那些不为人所熟知的动物要么不能参与构成并列式复合词，要么构成的并列式复合词生命力不强。如上述“虫虿”“虎兕”“兕虎”不如“蛇蝎”“豺狼”“虎狼”“虎豹”流传范围广。

有些并列式复合词的产生还与民族之间的交往和文化的交流有关系。如，象是陆地上现存最大的哺乳动物，现产于我国云南南部、非洲等热带区域。据《后汉书》记载：“（永元）六年春正月（公元94年），永昌徼外夷遣使译献犀牛、大象。”可见，大象在汉代的中国已属于珍稀物种，汉族人的生产、生活与大象的联系并不大。而在那些热带、亚热带区域的国家，大象跟马匹一样经过驯养作为畜力来驮运货物的历史已经相当悠久。清代阮葵生《茶余客话》卷十三:“(温都斯坦①)服车致远皆以象。”随着佛教在汉族的广泛流传,源于印度的词语也不可避免地流入中土,“象”就是其中一个。“象”经常与实用价值相似的“马”组合构成短语,六朝《佛说菩萨内戒经》:“三十六者菩萨不得卖象驼。三十七者菩萨不得卖骡驴。三十八者菩萨不得卖猪羊……”南宋《古尊宿语录》:“你或逢驼驴象马,唤作什么?”封建社会,象、马之类大牲畜是理所当然的财富的象征,身份的标志,因此“象马”引申为“财富”之义,与“狗马”②含义同,由短语凝固成词。如:

其余所有金轮象马。(《大悲莲华经》)

子女玉帛,爱必终兮;象马园池,施不穷兮。(《唐代墓志续编》)

综上分析,“象马”是一个从佛经进入汉族人生活中的并列式动物词,《汉语大词典》首引北魏杨衔之《〈洛阳伽蓝记〉序》:“王侯贵臣,弃象马如脱屣;庶士豪家,舍资财若遗迹。”

(3)并列式动物词的语义特点。

①由专指到泛指。

构成并列合成动物词的两个语素分别与现实世界中的两种事物相对应,所以整个词的含义一定取自这两种事物,在成词之前,每个成分都有自己的专指含义,一旦凝固成词,便具有了泛指义。如“驹”,本指小马,“犊”本指小牛,浓缩成词后泛指幼畜或少壮的畜类。《礼记·月令》:“〔季春之月〕乃合累牛腾马,遊牝于牧,牺牲驹犊,举书其数。”北魏贾思勰《齐民要术·养羊》:“乳母好,堪为种产者,因留之以为种,恶者还卖:不失本价,坐赢驹犊。”再如:

【虫豸】虫,有脚的昆虫;豸,本指无足之虫,后泛指虫类。

【鹰隼】鹰和雕。泛指猛禽。《礼记·月令》:“〔季夏之月〕行冬令,则风寒不时,鹰隼蚤鸷,四鄙入保。”《大戴礼记·曾子疾病》:“鹰隼以山为卑,而曾巢其上。”

【鹅酒】鹅和酒本为两种事物,后常用来指馈赠品。清代冒襄《影梅庵忆语》:“劳以鹅酒,竟日返舟。”

---

① 温都斯坦:也作痕都斯坦,即今印度。清代纪昀《阅微草堂笔记·姑妄听之三》:“今琢玉之巧,以痕都斯坦为第一,其地即佛经之印度、《汉书》之身毒。”

② 《战国策·齐策》:“臣窃计,君宫中积珍宝,狗马实外厩,美人充下陈,君家所寡有者以义耳。”

②由物及人。

名词除了概念义，还具有一定的性质义。作为指物名词的一种，那些动物词除了可以指称具体动物外，还可以表达该动物所具备的某些特质，因此动物词很容易通过“性质义”与具备类似品质的人联系在一起。[①] 在人类与动物共存的漫长岁月里，动物是人类最熟悉的生命体和参照物，动物身上的特点和习性很多都与人相似，人们总是能不自觉地将其与人类自身的优缺点建立联系。而通过熟悉的、具体的事物去认识和描述陌生的、抽象的概念也是人们认识世界、描述事物的基本原则，即所谓“近取诸身，远取诸物”。

原型范畴理论指出，某一范畴与另一范畴虽然存在边界，但这一边界是模糊的，某一认知对象完全可能成为另一范畴的成员，而另一对象可能部分在该范畴内，两个范畴的成员可能有共性存在。[②] 并列式复合词在形成过程中，将两个原本属于不同范畴的单音动物词结合在一起，基于两种动物身上所具有的某种相似特点，将它们临时置于同一范畴内，进而通过比喻的方式使之获得新的意义，实现了词的概念义从指物到指人的转变。例如，要表达“弱小的人”这一含义，人们选取了“豚”“鼠”这两种司空见惯、微不足道的动物作为参照，形成了并列式复合词“豚鼠”。

如“秦如狼虎，赵如豚鼠，秦强赵弱非虚语”（张养浩《山坡羊・渑池》）。

再如：

【鱼肉】比喻被欺凌的人。如《史记・项羽本纪》：“如今人方为刀俎，我为鱼肉。”《后汉书・仲长统传》：“鱼肉百姓，以盈其欲。”其中，“鱼肉”为动词。

【虺蜮】用螫人的毒蛇和含沙射影的蜮组合来比喻阴险恶毒的害人者。鲍照《芜城赋》：“壇罗虺蜮，阶斗麏鼯。”柳宗元《柳州文钞》：“我老洎幼，由公之仁，小不为虺蜮，大不为鲸鲵，恩重事特，不迩而远，莫可追已。”

如果把事物和性质看作词义的两极，名词的事物义强时性质义就弱，反过来，性质义强时事物义就弱。[③] 通过比喻的方式产生的词义一旦进入交际，与事物义相比，往往拥有优先实现权。因此在文献中，可以通过词义是否具有比喻的性质来

① 谭景春. 名形词类转变的语义基础及相关问题[J]. 中国语文，1998(5)：368-377.

② 俞建梁，黄和斌. 原型范畴理论的缺陷与不足[J]. 外语学刊，2008(2)：36-39.

③ 谭景春. 名形词类转变的语义基础及相关问题[J]. 中国语文，1998(5)：368-377.

判断并列短语是否已经凝固成合成词。如：

狼虎结谋，相聚为俦，同啮牛羊，道绝不通，病我商人。（焦赣《焦氏易林》）

追逮证验，穷根寻叶，狼虎满路，狴牢充塞。（杜牧《上李太尉论江贼书》）

鸾皇婴雪刃，狼虎犯云屏。（温庭筠《过孔北海墓二十韵》）

此三例“虎狼”，前一例指物理意义上的虎和狼，后两例用来比喻凶恶残暴的人，短语和合成词的区别显而易见。

3. 动宾式

前语素表示动作行为，后语素表示该动作行为所关涉的对象，两个语素一个表支配，另一个是支配的对象。动宾式合成词在先秦两汉时期很少见，这种结构的动物词的数量更是十分有限，只有星座名称“牵牛”和官职名称“司马”。

【牵牛】星座名称，又称“河鼓”，俗称牛郎星、扁担星。《诗经·小雅·大东》：“睆彼牵牛，不以服箱。”《国语·周语下》：“我姬氏出自天鼋，及析木者，有建星及牵牛焉。”

【司马】《春秋左传》：“宋人杀其大夫司马，宋司城来奔。”

《尔雅》记录了一批动宾式动物词，如：

【斫木】啄木鸟。《尔雅·释鸟》：“鴷，斫木。”史震林《慰曹震亭书》：“虫蠹黄蔬，鴷穿朽枣。”

再如：齧桑、守瓜、负版（《尔雅·释虫》），齧齿、窃脂、剖苇、戴鵀（《尔雅·释鸟》），含浆、守宫（《尔雅·释鱼》）。

4. 主谓式

组合成词的两个语素：前一个表示某种事物，后一个表示这种事物的动作、行为或性状，前一个语素是主题对象，后一个语素进行陈述说明。主谓式动物词数量很少。

【虎贲】《尚书·牧誓序》：“武王戎车三百两，虎贲三百人。”孔颖达疏：“‘虎贲’为‘勇士称’也。若虎之奔走逐兽，言其猛也。”

【鹰扬】威武貌，亦谓逞威。

【鹿鸣】借指科举考试。

洪仁玕《干王洪宝制》：“况我真圣主文武同科，鹿鸣与鹰扬并重。”

汉语中有相当数量的复合性单位是难以套用现成的句法结构加以理解和解释

的，如“楼宇”“板寸”等，动物词中也不乏这样的例子，这也再一次印证了周荐先生指出的“在单字与单字组合的过程中，起决定作用的，是此一单字能否与彼一单字在锁定的空间内相互间所具有的意义上、习惯上的容受性”。① 有些动物复合词的构成语素表义隐晦，不做解说，人们很难知晓每个语素的意义，只能算作“意合”。如：

【驴骡】（公马）母驴所生的骡子。

【马骡】（公驴）母马所生的骡子。

【天牛】能在天上飞的，牛形的（昆虫）。

【响马】旧称放出响箭拦路抢劫的强盗。

4.2　单纯词

单纯复音词作为时代的产物，较多地存在于上古汉语中，数量有限，有连绵词、音译外来词、叠音词3种形式。

连绵词是单字单位到合成性单位间的桥梁和中介①。从意义和作用上来看，连绵词基本上都是描写性或说明性的，或者描写客观事物的形状特征，或者说明人物的行为、心理状态，词类多为形容词，只有少数名词，动物词就是其中的一部分。从词义演变来看，绝大多数连绵词的意义古今变化不大。

联绵词的特点是整个词由一个双音节语素构成，这个语素的前后两个音节为双声或迭韵关系，要将其作为一个整体去理解，不能拆分。如“蝜蝂”，《汉语大词典》中将其解释为：小虫名。唐代柳宗元《蝜蝂传》：“蝜蝂者，善负小虫也。行遇物，辄持取，卬其首负之。背愈重，虽困剧不止也。”集注引孙汝听曰：“蝜蝂，《尔雅》作‘负版’。”因此，“蝜蝂”虽在语音上双声，但意义结合不紧密，不算作联绵词。“凤凰”“蛤蚧”“麒麟”之类亦如此。

双声如鸳鸯、饕餮、蝃蝀、螗蜩、蜘蛛、蟾蜍、蝙蝠、孑孓、蟋蟀、蜉蝣、蠨蛸、鲂鮄等。迭韵如仓庚、蜻蛉、螟蛉、蜾蠃、蜻蜓、刀螂、螳螂、蛤蟆、鸲鹆、螗蛄等。双声兼迭韵如蝾螈、蛴螬、蝌蚪、蚯蚓、猞猁、犰狳、鹧鸪、鸬鹚、鳗鲡、鳑鲏、蝠鲼、蛤蜊、蛇螂

① 周荐．论词的构成、结构和地位[J]．中国语文，2003(2)：148-155，192.

等。非双声迭韵如鹦鹉、蜈蚣、蟛蜞、膃肭、鹌鹑等。

汉代有少数来自西域的音译外来词。如：

牛十万，马三万匹，驴、橐驼以万数赍粮。（班固《汉书·张骞李广列传》）

乌戈国去长安万五千三百里，出狮子、犀牛。（荀悦《前汉纪·孝武皇帝纪三》）

《山海经》《尔雅》收录了一些迭音的单纯动物词，多为怪鸟异兽之名，如：

【猩猩】初作“生生”，是北狄语，猿猴一类的哺乳动物，始见于《逸周书·王会解》：“都郭生生，欺羽生生，若黄狗人面能言。”晋孔晁注：“都郭，北狄；生生，兽名。”《山海经·海内南经》作“狌狌”，《礼记》《尔雅》均作“猩猩”。《礼记·曲礼上》：“猩猩能言，不离禽兽。”《吕氏春秋·本味》：“肉之美者，猩猩之唇，獾獾之炙。”《论衡·是应》：“狌狌知往，乾鹊知来。”

【狒狒】身体像猴，头部像狗的兽类，多产在非洲。我国古代传说中亦有类似之兽。《尔雅·释兽》：“狒狒如人，被发，迅走，食人。”郭璞注：“枭羊也。《山海经》曰：‘其状如人，面长唇黑，身有毛，反踵，见人则笑。交广及南康郡山中亦有此物。大者长丈许。俗呼之曰山都。’”

【獙獙】传说中的兽名。《山海经·东山经》：“（姑逢之山）有兽焉，其状如狐而有翼，其音如鸿雁，其名曰獙獙，见则天下大旱。”郭璞注：“（獙）音毙。”郝懿行笺疏：“毙、獘同。经文獙即獘字异文。《玉篇》作‘獘’，云‘兽名’，即此。”

【蛩蛩】传说中的一种异兽。《山海经·海外北经》：“〔北海〕有素兽焉，状如马，名曰蛩蛩。”郭璞注：“即蛩蛩钜虚也。”《文选·司马相如〈子虚赋〉》：“蹵蛩蛩，辚距虚。”郭璞注引张揖曰：“蛩蛩，青兽，状如马。距虚，似骡而小。”

【狪狪】传说中的兽名。晋代郭璞《山海经图赞·狪狪》：“狪狪如豚，被褐怀祸。患难无繇，招之自我。”

【軨軨】传说中的兽名。《山海经·东山经》：“《东次二经》之首，曰空桑之山……有兽焉，其状如牛而虎文，其音如钦，其名曰軨軨。”

【猎猎】古代传说中的兽名。《山海经·大荒北经》：“（叔歜国）有黑虫如熊状，名曰猎猎。”

【罗罗】①传说的兽名。《山海经·海外北经》：“有青兽焉，状如虎，名曰罗罗。”袁珂校注引吴任臣曰：“《骈雅》曰：‘青虎谓之罗罗。’今云南蛮人呼虎亦为罗罗,见《天中记》。”②鸟名。《山海经·西山经》:“西三百五十里,曰莱山,其木多檀楮,其鸟多罗罗,是食人。”郭璞注:“罗罗之鸟,所未详也。”

【獾獾】鸟名。《山海经·南山经》:“又东三百里曰青丘之山,……有鸟焉,其状如鸠,其音若呵,名曰灌灌。”灌灌,郭璞注:“或作濩濩。”郝懿行疏:“《吕氏春秋·本味篇》云:‘肉之美者,獾獾之炙。’高诱注云:‘獾獾,鸟名,其形未闻,獾一作獲。’今案:獾与灌、獲、濩俱字形相近,即此鸟明矣。”

【蛮蛮】鸟名,即比翼鸟。《山海经·西山经》:“(崇吾之山)有鸟焉,其状如凫,而一翼一目,相得乃飞,名曰蛮蛮。”郭璞注:“比翼鸟也,色青赤,不比不能飞,《尔雅》作鹣鹣鸟也。”又为水兽名。《山海经·西山经》:“至刚山之尾,洛水出焉,而北流注于河。其中多蛮蛮,其状鼠身而鳖首,其音如吠犬。”

【蜻蜻】一种小蝉。《诗·卫风·硕人》:“螓首蛾眉。”汉代郑玄笺:“螓谓蜻蜻也。”孔颖达疏:“此虫额广而且方。此经手、肤、领、齿,举全物以比之,故言‘如’,螓首蛾眉……”《方言》第十一:“(蝉)其小者谓之麦蚻,有文者谓之蜻蜻。”

【禺禺】鱼名。《逸周书·王会》:“扬州禺禺。”《文选·司马相如〈上林赋〉》:“禺禺鱋魶。”郭璞注:“禺禺鱼,皮有毛,黄地黑文……禺,音顒。”

上述复音动物词的构词法见表4.1。

表4.1　复音动物词的构词法

语素数目	结构方式	例　词
合成词	偏正式	青鸟、猳猪
	并列式	凤凰、豺狼
	动宾式	牵牛、司马
	主谓式	虎贲、鹰扬
	前置式	老鸦、阿猫、阿狗
	后置式	鸽子、猫儿
单纯词	连绵	螟蛉、鸳鸯
	音译	骆驼、狮子
	叠音	狪狪、罗罗、蜻蜻

4.3 复合动物名词的特殊结构

汉语中存在着像"羊羔、牛犊"这样的复合名词。这类词曾受到一些学者的关注,但在对其性质进行认定时,学者们的看法却出现了分歧:有人认为这是"逆序"结构,如周荐(1991)提出"羊羔"是"逆序定中"式①。还有人认为这是一种正常的偏正式,如王洪君(1999)。另有一些学者认为这类词并不属于传统构词法②,如张琪昀(1987)称其为"同位结构"③;张灵秀(1997)认为是"复指式"④。其实,这类词从表面上看是一致的,即"来自于单音的名字加上类名"⑤,但是构词法却有所不同,而且构造过程也各具特点,要准确认定这类词的性质,必须从共时与历时两个层面入手对其语义变化、构词特点等做多角度的考察与分析。为了行文方便,将这类词记为"AB"式,"A"为前语素,"B"为后语素。

4.3.1 "AB"式语义分析

1."AB"式语义变化的历时研究

这类词的数量并不多,绝大多数都是由动物名称复合而成的。"AB"式中"A"语素是动物类名,"B"语素是小动物的名称,为了便于称说,把"B"称为"动物小称"。值得注意的是,"A""B"几乎都属于"六畜"范畴。

我国先秦时期就有"六畜"的说法。《春秋左传·昭公》:"为六畜、五牲、三牺,以奉五味。"杜预注"六畜":"马、牛、羊、鸡、犬、豕。"所以本书主要以"六畜"为研究对象,考察由"动物类名+动物小称"所构成的"AB"式。

作为一种语法单位,其形式在成词之初已固定。不过构词语素的语义并非一成不变。"A"在先秦时已是基本词,词义的内涵和外延几乎没有改变。"B"表示

① 周荐.语素逆序的现代汉语复合词[J].逻辑与语言学习,1991(2):36-38.

② 王洪君."逆序定中"辨析[J].汉语学习,1999(2):8-10.

③ 张琪昀.倒文词考察[J].盐城师专学报(社会科学版),1987(3):43-47。

④ 张灵秀.汉语复合词结构类型及其判定[J].天津外国语学院学报,1997(1):70-75,80。

⑤ 吕叔湘.现代汉语单双音问题初探[M]//吕叔湘文集:第二卷.北京:商务印书馆,1990:415-445.

的“动物小称”，稳定性不如“A”，因而语义可能发生变化，这对构词活动也会造成影响。因此，有必要探究同一语义场中各个成员的语义发展。

古人喜欢给“动物小称”另取专名。如：小牛为“犊”，小羊为“羔”，小马为“驹”，小鸡为“雏”。小猪和小狗较为特殊，古代小猪可称“豚”，小狗没有专名。但“猪”“狗”在一定时期也可以表示“动物小称”。为了区别，把表示类名的“猪”“狗”记作“猪 1”“狗 1”，表示“动物小称”的记作“猪 2”“狗 2”。值得注意的是，“猪 2、豚、狗 2”，虽然都可表示“动物小称”，但因为不能出现在“AB”式的后位，因而并不能看“B”语素。其原因下文会详细阐释，这里暂不赘述。但是由于语义场具有系统性，为了研究的完整性，也会顺便探讨“猪、狗”二畜的语义变化情况。

“六畜”语义场中，表示“动物小称”的成员地位并不平衡。古代汉语以单音词为主，要用有限的单音词去表达日益复杂的语义，“泛指”和“特指”的情况便可能产生。蒋绍愚指出：“‘泛指’是一个词在某种语言环境中可以用来表示原来由它的上位义表示的意思。”“特指和泛指相反，是一个词在某种语言环境中可以用来表示原来由它的下位义表示的意义。”①这种现象在“六畜”语义场“动物小称”的层级非常普遍，其“泛指”或“特指”“动物小称”的语义变化可以分为 4 种：

(1)“犊、豚”的泛指较为简单，直接泛指各自的“类名”。

(2)“驹”略有不同，它的本义为“二岁马”，有两个泛指义，分别为类名“马”和“幼兽”，如《尸子》卷下：“虎豹之驹，未成文而有食牛之气。”

(3)“羔、雏”虽有泛指现象，却没有“动物类名”的泛指义，但二者泛指的范围最广。如“黄菘养土羔，老楮生树鸡”，这里“羔”泛指“秧苗”。“雏”除了泛指幼禽，还可以泛指幼小的动植物。

(4)“猪、狗”由类名特指各自的“小称”。“猪”是“豕”后起的形声字，从豕者声。究其本义，《荀子・正论》：“今人或入其央渎，窥其猪彘，则援剑戟而逐之，不避死伤，是岂以丧猪为辱也哉？”例句先用“猪彘”，在后文又单用“猪”，而且所指相同。据此“猪彘”应是同义联合，“猪”即为“彘”。骆晓平亦提到：“从早期文献中的用例来看，可以断定‘猪’的本义就是指六畜之一的猪。它从一开始就是猪的类

① 蒋绍愚. 古汉语词汇纲要[M]. 北京：商务印书馆，2021.

名。"①《尔雅·释兽》:"豕子,猪。"从这个用例可见,"猪"也可以特指"小猪"。而"狗"从犬句声,《尔雅义疏》:"狗,犬通名。若分而言之,则大者名犬,小者名狗。"可见"狗"本义也是类名,后来可以特指"小狗"。

虽然这些"动物小称"都发生了语义变化,但在现代汉语中,可以泛指的只有"羔、雏"。这正是由于它们没有用"动物小称"泛指本类名,它们的泛指义才得以留存。一个词的泛指义与本义共存可能会带来交际上的不便,正如石安石所说:"同一个词的不同义项之间不能有一般与个别那样的包含关系。"②例如"犊",在某一时期可以同时表示"小牛"和"牛"义,但表示"牛"时大多用于"犊车"。如单独表示"牛"义,则需要语境帮助。可见,这种泛指义并没有很强的生命力,其构词能力也较弱。而"羔、雏"在现代汉语中构词较广,这与它们泛指范围大有关。如"羔"不仅可以构成"羊羔",还可以组成"鹿羔、兔羔"。"雏"不仅可以泛指"幼小的禽鸟",如"凤雏、鸭雏",它还具有形容词性,可以直接修饰幼小的生物,如"雏苗、雏鸡"等。

2. 由语义变化引起的"词汇化"和"词组化"

随着汉语进入双音化阶段,一些单音词所表示的概念便由新的双音词表达。"六畜"语义场中的"犊、羔、驹、雏"便是如此,在现代汉语中,利用"动物类名+动物小称"构成的新词"牛犊、羊羔、马驹、鸡雏"已经取代了它们。虽然这几个词在构成之初,可能还是词组,但是发展至今已经成词。可见,这几个"AB"式发生了"词汇化"。

如果"动物类名+动物小称"作为一种语义模式影响了构词,那么利用类推心理,有些结构也应该成立。如"犬"在古代可作为类名,而"狗"亦可特指"小狗",二者结合应该可以形成"犬狗"的结构。但是在古代文献中,"犬狗"很少见,而且很多还只是词组。在现代汉语中,人们使用词组"小狗"来表义。"猪"也不能利用该模式造出相应的词,现在只有词组"小猪",古代虽然偶见"猪豚"的用法,但今天也消失了。在表达类似概念时采用的是句法层面上语素组合的方式,可见,这是语义的"词组化"。至于"猪 2、豚、狗 2",虽然它们都可以表示"动物小称",但是却不能

① 骆晓平."猪"的来源与"猪""豕"的兴替[J].湖北民族学院学报(社会科学版),1996(3):91-92.

② 石安石.语义论[M].北京:商务印书馆,1993.

成为“B”语素，也不能形成相应的“AB”式结构。究其原因，很大程度上与“动物小称”的语义变化有关。

首先，前文已述，“动物小称”的层级具有“泛指”和“特指”的语义演变，至于“泛指义”和“特指义”是否可以成为辞书中的义项，胡中文认为：“……几乎所有列出的专名词语增加的泛指义位，都与原本的专指义位合并为同一个义项……而一般词语增加的专指义位，大都单独立为一个义项。”①也就是说，“特指义”一般可以成为新的义项。但事实却不尽然。在古代文献中虽然可以看到发生“特指”的“猪”“狗”的用例，但它们对语境的依赖性较强，所以只是“词在个别的和特殊的应用场合临时而带上的含义”②。一旦语境消失，语义也随之消失。这也与“泛指义”和“特指义”出现的频率有关。因为固定的义项一定要经过全民认可，所以频率较高的义项容易为人们所熟知，而频率较低的则多半是临时用法。如“猪”，《尔雅》释为“豕子”，但在后世的传注中，“猪”大多成了通称，如《小尔雅》：“彘，猪也。”《玉篇》：“豕，豬之总名。”而“狗”表示“小狗”时的语境比较特殊，导致出现频率也较低，如：

(1)《庄子·杂篇》：“狗非犬。”

(2)《墨子·卷十》：“狗，犬也，而杀狗非杀犬也，可，说在重。”可见，“狗”“犬”对举时，二者语义上有区分，“狗”特指“小狗”。但如果缺乏语境，“狗”“犬”通用，并不做区分。

其次，高守纲(1994)认为：“有的词用于下位义……并且当该词用于特指义时能与其他词构成词组，则应视为一个独立的义位。”③但是2012年12月31日通过汉籍全文语料库对先秦至魏晋南北朝209种古代文献进行统计，“猪豕”“猪彘”等组合偶尔可见，各出现2例。“狗马”出现频率较高，共计144次，但表义为“犬与马”，主要指“游畋之物”，因而组合中的“猪”“狗”并不是特指。而二者表示特指义时，绝大多数都是单音词形式。

由此可见，“猪、狗”的特指义对语境的依赖性强，出现频率低，且无法在该义位上构成词。这样即使“猪、狗”可以特指“动物小称”，但也难以构词，更无法在类

① 胡中文.试析专名词语同一般词语的联系[J].汉语学习，1997(3)：25-28.

② 张永言.词义学简论[M].武汉：华中工学院出版社，1982.

③ 高守纲.古代汉语词义通论[M].北京：语文出版社，1994.

推作用下形成“AB”式结构。因而可推知，“动物类名+动物小称”的构式，表“动物小称”的义位必须具有稳定性和全民性，且不需要语境提示。“小猪”在古代有专名“豚”，“猪、豚”同处于一个语义场中，二者相互制约，而且出于语言经济性的考虑，也没有必要用两个词来表示同一事物。所以“猪”的特指义逐渐消失，自然也不会出现“×猪”这样的构式。综上，二者特指义的不稳定都会影响并导致概念发生词组化运动。而“牛犊、羊羔”等词，由于在成词之初，构词语素均以本义参与构词，“动物类名 + 动物小称”的构式可以采取语义稳定的语素来组合，所以一旦成词后就不易变动。

4.3.2 “AB”式构词分析

1.“AB”式的构词法

基于“A”“B”语素的语义关系，它们在成词之初应为联合式。程湘清认为，有一种“不平等联合词”，即“构成复音词的两个同义语素，一个意义狭窄，另一个意义宽泛……则意义狭窄者对合成后复音词的意义有明显的制约，即带有不平等性”①。如“驹”的语义较为狭窄，且涵盖于“马”的语义中。但是二者结合后，相同的义素进行融合，这是联合式的特点；同时“驹”对“马”的义位进行制约，排斥了“马”义位中与己相悖的义素。马在古代名目众多，如“騲（母马）、骁（强壮的马）、骥（老马）”等。“马”“驹”结合，既强调了“小”的义素，又排除了“母的”“强壮的”“老的”等义素。

“AB”式发展至现代汉语，已经发生了改变。“B”语素“羔、雏”在现代汉语中仍有泛指义，且范围广泛，已很难分辨。也就是说，虽然“AB”式仍保持着“动物类名+动物小称”的构式，但其内部的隐性结构已经发生了改变。因为汉语是意合型的语言，所以从联合式再重新分析为别的结构也是有可能的。符淮青（2005）曾提出偏正式为“前一个语素修饰限制后一个语素，前为偏，后为正”②。前文已述，“羔、雏”范围大，如果单说“羔子”，语义不清，此时必须在其前加限制性语素，把“羔”的语义范围确定下来。如“羊羔子、兔羔子”等。所以现代汉语中“×羔”“×

① 程湘清. 汉语史专书复音词研究［M］. 北京：商务印书馆，2008.

② 符淮青. 词义的分析和描写［M］. 北京：外语教学与研究出版社，2005.

雏”更倾向于偏正式。而“牛犊”不同,“犊”在古代虽然也有泛指义,但现代汉语中此义已佚。即使去掉“牛”,“犊”的语义也自足,因为“犊”对应的语素只有“牛”,“牛”很难说是对“犊”起到修饰或者限制的作用,所以把“牛犊”看作不平等联合词比较合适。

值得注意的是,在口语中,“犊”并不是只限于指“牛”,有时也偶见“驴犊”“猪犊”。可以推知的是,如果“犊”的语义也像“羔、雏”一样,可以泛指“动物的幼崽儿”,那么不平等联合词“牛犊”也会向偏正式发展。

2.“AB”式的构词理据

王宁(1997)指出:“双音词的构词理据,包括以下3方面的要点:①原始构词时两个语素各自的意义;②两个语素结合的语言原因和文化原因;③与这两方面原因相关的语素结构模式。”①王宁对该构词理据的研究着眼于动态,因此,从这3方面展开讨论。

构词语素的语义特征我们知道,属于“A”语素的“牛、羊、马、鸡、猪、狗”从古至今一直存在,而且语义几乎没有变化,具有极强的生命力和稳定性。而“范畴原型词绝大多数都是词形简单且与人们生活息息相关的,也是最早习得的词语”。因此,可以说“A”均属于范畴原型词。“B”语素从语义来说,只是“A”的下位成员。如《说文解字·牛部》中有20多个关于“牛”的名称,可是在“牛”的语义场中,中心成员只有“牛”一个,其他所有词都是“牛”的下位成员。其中“犊”比较常用,且留存至今,但其义域狭窄,不能看作范畴原型词。由此可见,“AB”式是由“范畴原型词+非范畴原型词”组成的构式,此外,还可以从以下两方面考察两个构词语素的关系:

(1)旧语素+新语素。

从历时的角度考察,“A”在甲骨文时代就已存在,而“B”大多出现较晚,所以相对于“A”来说,“B”应该被看作是新语素。不平等联合式的构成语素均处于同一个语言聚合中,所以构词语素更倾向于聚合关系,而非组合关系。程湘清(1992)曾提出“同义并列式”的一个显著特点就是:“这类双音词的产生一般不需要经过

---

① 王宁.训诂学与汉语双音词的结构和意义[J].语言教学与研究,1997(4):11-22.

一个词组凝固的阶段。"[①]因而在双音化成为主流之后,处于同一聚合的"A""B"语素便形成了具有历时因素的"旧语素+新语素"模式。

(2)自由语素+半自由语素。

语素如果从组词能力来分,可以分为3类:自由语素、半自由语素和黏着语素。在现代汉语中,"A"语素可以独立成词,是"自由语素"。"B"语素虽然不能独立成词,但位置比较自由,且可与其他语素组合成词,因而是"半自由语素"。"B"语素在双音化的影响下虽然逐渐失去了词的身份,但词义并没有消失,此时它可以和其他语素结合,重新构成双音词。如果对其他联合式的语素构成进行观察,可以发现很多语素均是以"自由语素+半自由语素"的形式构成的,如牙齿、睡眠、美丽等。

"A""B"语素之所以结合,既有语义上相互选择的关系,也有内在的动因和理据。尝试讨论如下。

首先,在双音化成为主流之后,构造新词并不一定采取全新的方式,往往是利用类推心理,在旧词的基础上重新组合。前文已述,"六畜"语义场中表示"动物小称"的词在古代都产生了语义变化,例如"雏"可以泛指"幼禽",这与它的本义"小鸡"相距较远。因而为了表义精确,在其前加上一个表示"禽鸟类名"的单音词标记类属,这是很自然的。由这种"动物类名+动物小称"的模式产生的"动物词"数量众多,如鸡雏、鸭雏、凤雏等。再如"驹"有时会出现在"虎豹之驹"中,此时"驹"表示的并不是它的本义,为了表义清晰,在"驹"前加上类名"马",构成"马驹"。

其次,汉族从古至今都推崇"喜双""和谐"的心理,所以在构词过程中,两个单音同义语素合成的情况非常多见。如"犊",在双音化的驱使下,逐渐发生了"语素化",此时便需要累加一个成分构成双音节词,而选择累加的语素也是有理据可循的。汉字作为意音文字,很多构字偏旁都具有表意作用。有一些偏旁表类属,如:"木"是"柏"的类属偏旁,"鲤"的类属偏旁是"鱼"。这些表达类属概念的义素可以从原来的单音词中独立出来成为一个标记类属的语素。"牛"是"犊"的标记类属的语素,所以用"牛"来标记"犊"是顺理成章的。

再次,陈建生(2008)在《认知词汇学概论》中曾提出"下属词汇"的产生途径,他认为:"下属词汇绝大多数是在范畴原型词汇基础上产生的由两个或两个以上的

---

① 程湘清. 两汉汉语研究[M]. 济南:山东教育出版社,1992.

原型词合成,或者利用原型词的认知域之间的投射或凸显事物某些具体属性,通过隐喻或转喻手法发展而来。"[1]隐喻是从一个认知域到另一个认知域的"投射"。而词汇意义泛化的主要机制是隐喻扩展。"B"语素的泛指实质上也是一种语义泛化。其实由此也可以看出它们在各自语义场中的重要性。例如,与"牛"相关的语义场中的动物词数量众多,可只有"犊"发生了泛指,从而可以看出"犊"在"牛"语义场中地位重要,因而在某些语境中才可以利用隐喻机制泛指"牛"。而"羔、雏"之所以可以泛指"幼小的动物",也是因为它们在"小动物"语义场中具有典型性。所以今天有些小动物的称呼会选择"×羔"的形式。

接着探讨这种构词模式的能产性及其原因。

考察一种构词形式的能产性,主要标准在于它可以在类推心理的影响下被重复作用的频率。[2] 如果一种构词模式可以适用于所有符合条件的语素,其能产性也就越高。但事实上,除了"六畜"语义场中的成员,其他符合该模式的词并不多。比较常见的有"凤雏、鹿麑",可见这种构词模式的能产性比较低。

究其原因:一方面,在早期的农牧社会,"六畜"虽然与人们生活密切相关,但由于功用不同,所以只有部分需要对其大小进行区分。而有些并不需要细分,如"狗"。"B"语素的缺乏,导致这种模式并不具有很大的能产性。另一方面,"A""B"语素在语义上属于上、下位。"B"语素具有"A"语素的全部意义,所以整个结构体现了一种语义冗余。以"牛犊"为例,熟知"犊"语素义的人并不会对它产生误解。所以"牛"的语义多少已经虚化,它更重要的作用反而体现在"成词"上。但是这种意义的虚化应该是一种不自觉的活动。尤其是在构词之初,很少会用一种冗余的语义结构来构词。因此,它并不能成为一种能产的构式,构词的数量也很有限。

3."B"语素连用分析

上文研究了"六畜"语义场中心成员与下属成员结合的情况,因为中心成员的构词能力较强,所以它与下属成员结合比较容易。值得注意的是,"六畜"语义场中表示"动物小称"的词有时也可以两两结合,如"驹犊"。它们之所以可以结合,

---

① 陈建生.认知词汇学概论[M].上海:复旦大学出版社,2008.

② 肖晓晖.汉语并列双音词构词规律研究[M].北京:中国传媒大学出版社,2009.

主要有以下几个方面的原因：

表示“动物小称”的“犊、羔、雏、驹”，虽然意义不同，但是从语言的系统性来说，它们属于“六畜”语义场中的下位词，是同一层级，并具有相同的语义特征——“幼小的”，因而它们两两结合符合“并置理论”的要求。“并置理论”研究的是词语之间的搭配关系，“并置”的前提是“某些词与另外一些词之间具有相关的语义联系”①。所以，这些“动物小称”的结合具备了成词的条件。

在确定成词标准时，虽然各家意见不尽相同，但大体可以归纳为：语法结构、词汇意义、修辞特点和出现频率。徐正考则采用了一个简单而易于操作的标准：“几个成分组合后，组合体的意义不是几个成分的意义的简单相加，而是融合在一起，形成了一个完整的、单一的意义，这个组合就是复音词。”②在对由“B”语素连用形成的结构的语义进行考察时，发现有很多已经产生了泛指义或比喻义。如“羔犊”，《汉书 · 邹阳传》：“夫以区区之济北而与诸侯争强，是以羔犊之弱而扞虎狼之敌也。”这里“羔犊”比喻“弱的一方”。再如，“驹犊”泛指“幼畜”，“豚犊”比喻“不肖之子”等。由于它们已经融合成新义，而不是简单的词义加和，因而都已成词。

不同的语素可以组合，其实也与民族文化有关。如英语中，经常会见到“猫、狗”的结构，如“Rain cats and dogs”（倾盆大雨）。但汉语中就不会认为“猫、狗”具有语义对应的关系。而如“驹犊”，虽然构成语素的语义并不相同，但有关联。在古代农牧社会，马和牛均是重要的劳作工具，因此为二者的结合提供了文化依据。“牛马”一词至今留存于现代汉语中。“驹犊”从表义理解是“小马和小牛”，由于受“牛马”的影响可以经常结合，使用频率高，因而整个结构的语义也发生了变化，产生了泛指义“幼畜”。一个双音词的语义如果发生泛指，那么很可能是构词的语素分别语义泛化而造成的。前文已述，“驹、犊”的语义均可泛指，因而在泛指义位上也更易结合。再比如，古代祭祀用品常为“牛、羊、猪”，同时，它们也是古代较为主要的食物，因而在语义上更接近同一范畴，它们的小称也有机会共现。例如：

(1)《三国志 · 魏书 · 曹爽传》：“爽（曹爽）不从，范（桓范）哭曰：‘曹子丹佳人，生汝兄弟犊耳！’”

---

① 伍谦光. 语义学导论[M]. 长沙：湖南教育出版社，1991.

② 徐正考.《论衡》同义词研究[M]. 北京：中国社会科学出版社，2004.

(2)《水经注·卷十六》:“桓氏有言:曹子丹先此豚犊。”

由例句可知,“犊”发展为双音词“豚犊”,语义不变。二者都具有“卑小,低下”的语义,因而根据“并置理论”的要求,二者也较易结合。

在古代文献中也常见“羔豚”的组合,如:

(3)《北史·卷二十九·列传第一七》:“烹羔豚而介春酒,迎伏腊而侯岁时。”

(4)《礼记·礼器》:“羔豚而祭,百官皆足,大牢而祭,不必有余,此之谓称也。”

例句(3)是由于“羔、豚”具有“肉食”的语义联系而共现,例句(4)是由于常作为祭品而共现。但是因为二者的结合没有引申出新义,所以作为列举性的词组是不易成词的。

上面尝试着从共时和历时相结合的角度对汉语中一类特殊的动物复合名词进行探讨。本章首先分析了“动物类名+动物小称”构式中“动物小称”层级的语义变化,归纳了几种不同的“泛指”和“特指”模式,并且可以表示“动物小称”的“猪、狗”并不能成为“B”语素,也不能衍生出“AB”式,这应与“猪、狗”的语义变化有关。其次从历时的角度探讨了内部构词法的演变,本章认为“AB式”有从联合式向偏正式转变的趋势。再次从构词理据角度分别考察了构词语素的语义特征、合成的理据及构词模式能产性问题。虽然“AB”式能产性不强,但是构词语素的结合模式具有一定的规律性,而且合成理据也涉及文化认知等方面的因素,因此具有特殊性和研究价值。最后探讨了“B”语素内部连用的成因。

4.4 小　　结

构词法研究的是词的内部结构问题,它的研究对象是已经存在的词。对现有词的内部结构进行观察和分析,总结出词的内部结构和规律,这就是构词问题研究的范围和内容。自《马氏文通》问世以来,黎锦熙、吕叔湘、王力等都对构词法进行了不同程度的研究。1954年,高名凯在《普通语言学》中正式提出构词法的概念。语言学界对构词法的研究,最大规模、最有成效的研究工作始于陆志韦的《汉语的构词法》,这是我国构词学的丰碑。但很长时间内,造词法和构词法被混为一谈,将二者辨析得最为清楚的是葛本仪先生,她指出“造词法就是创制新词的方法”“构词法指的是词的内部结构规律的情况,也就是词素组合的方式和方法”。

动物词构词法研究，既可以从音节长度入手，也可以着眼于语素数量。与双音节相比，三音节虽然只是增加了一个语素或一个音节，但创制词语的途径有很多，构词法也更加多样。对于汉语动物词而言，复音词无疑是其中的典型成员，因此选取了历代文献中的复音动物词作为构词法研究的对象，并总结出了以下几点结论：

（1）汉语动物词中，合成词数量远远超过单纯词。合成词中，偏正式与并列式几乎同时产生，但偏正式的能产性高于并列式，其他格式的能产性均很低。

（2）并列式动物词的意义不等于语素义的简单相加，多数并列式动物词含有比喻义。

（3）有些汉语动物词难以套用现成的句法结构来理解和解释，如"驴骡""响马"等。

构成汉语动物词的语素，名词性语素居多，动词性语素和形容词性语素较少，动物词多为体词。有些指物的动物词除了具备概念义还具备性质义，如"鸡鹜""鹰隼"等。

第5章　动物词义研究

5.1　动物词义的类型

词义是一个看似容易,实则很难说清楚的问题,符淮青(2006)转引沙夫和 S. Ullmann 的话说:"从古到今,哲学家和语言学家提出了各种观点学说。有人认为,新的观点只能增加新的含糊和混乱。"①尽管如此,人们还是试图从不同角度来解析词义的本质。董为光(2004)指出,词义是人们对词所指称对象的认定,对所指事物表征、本质的感受、理解和评价,对于词语所含情感、语态的细腻体会,对于生动化构词依据的习惯性联想,以及对词的实际使用条件、方式(在语法上和语义上)的判断等方面的总和②。这是一个全面而立体的解析。

关于词义的构成与类型,也是众说纷纭。利奇(1987)在《语义学》中将语言意义分为理性意义、联想意义(包括内涵意义、社会意义、情感意义、反映意义、搭配意义)和主题意义③,而他也承认这七类意义中存在界限不清的杂糅现象,足见词义结构的错综复杂。就现代汉语而言,武占坤、王勤(1996)认为词义由词汇意义和语法意义构成,词汇意义包括指称意义和色彩意义④;符淮青(1985)认为词义包括词的概念义和附属义⑤;葛本仪(2006)则指出词义包括词汇意义、语法意义和色彩意

---

① 符淮青. 语义的分析和描写[M]. 北京:外语教学与研究出版社,2006.

② 董为光. 汉语词义发展基本类型[M]. 武汉:华中科技大学出版社,2004.

③ 利奇. 语义学[M]. 上海:上海外语教育出版社,1987.

④ 武占坤,王勤. 现代汉语词汇概要[M]. 上海:外语教学与研究出版社,1996.

⑤ 符淮青. 现代汉语词汇[M]. 北京:北京大学出版社,1985.

义三部分①;周荐(1993)采用多元的分类标准提出从功用上看,可以将词义分为词汇意义和语法意义,从其在词义系统中所处的地位等方面看,可以分为感性意义和理性意义②;曹炜(2001)认为现代汉语的词义大致有:理性意义、色彩意义、结构意义、文化意义和联想意义5种③。蒋绍愚(1989)指出,对古代汉语词汇而言,理性意义、隐含意义、社会意义、感情意义、连带意义、搭配意义是非常重要的④。虽然各家所列名目有所不同,但多数认识是一致的,词汇意义和理性意义大体相当,语法意义和结构意义、搭配意义密切相关。根据动物词的相关属性,本章从词汇意义、色彩意义、语法意义几个方面来理解其意义。

5.1.1 词汇意义

词义是一个词在语言中得以存在的客观基础。词义是思想的语音物化的内容,是被词固定下来的反映客观存在的认识。从根源来看,词义是人的主观世界和客观世界相互作用的产物,是人们对词所反映的客观事物的某些属性的概括,词义可以帮助人们把A和非A区分开来。

词义来源于客观现实,是客观对象在人的主观意识中的反映。客观事物、现象是词义形成的基础,所以词义具有客观性的特点,动物词亦如此。人们对自然界中存在的鸟类有了一定的了解和认识:动物的一种,有脚有翼,有羽毛,能飞翔,能行走。这种感性的认识一旦与"niǎo"这个声音对应起来,就成为"鸟"的词义了。鸟飞行在高空,观看事物时低头俯视地面上的景物,因此"鸟瞰"表达"从高处俯视"之义,这是符合客观逻辑的。不但客观世界中真实存在的动物的词义是客观的,那些现实世界中找不到直接的对应物的词义也是有客观依据的。如:"龙"的基本形体与行走方式源于鳄、鱼、水蛇等,这些动物生活在水中,是传统文化中水神家族中的神灵,因此成为"龙"的原型。客观世界中存在的这类"杂合"的动物体,是客观事物和对象在人们头脑中间接的、曲折的反映。

词义是主体对事物或现象的某些属性的概括反映,是经过人类抽象思维加工

① 葛本仪.汉语词汇研究[M].北京:外语教学与研究出版社,2006.

② 周荐.词的表达色彩的性质和类别[J].天津社会科学,1993(6):91.

③ 曹炜.现代汉语词义学[M].上海:学林出版社,2001.

④ 蒋绍愚.古汉语词汇纲要[M].北京:北京大学出版社,1989.

的结果，这个过程中舍弃了个别事物的具体特征。如“马”，将客观存在的各种各样的马进行概括和抽象，舍弃了具体的长幼、颜色、功能等方面的特点。再如，古代拦路抢劫商旅的匪徒，因抢劫时往往先放响箭，响箭一响，他们就会杀出并抢劫货物辎重。于是，便称呼这类为非作歹的匪徒为“响马”“响马子”，这是对这一行业的职业特点进行高度概括，进而浓缩成词的。词义的概括性特点是由语言符号作为交际工具这一本质特征决定的，也是语言的经济原则的体现。

一般来说，种词语的概括性强于属词语。如，古代汉语中存在着的与“马”这个种概念相对应的众多属概念，如“骖”“騜”“驹”等，现代汉语日常交际中已不再使用这类词，因此如果需要将“马”的词义具体化，就需要在种概念前添加修饰或说明成分来确保词义的实现。如“儿马”“骒马”标示雌雄，“骏马”“驽马”“劣马”说明优劣，“头马”“驮马”“辕马”“战马”说明功用，“黄骠马”指出颜色。相对“马”而言，这些词的意义更为具体，但同样具有概括性特征，从雌雄角度标示马的属性的词，忽略了其他方面的特征，说明马的功用的词省去了颜色、雌雄等方面的特点。

从语言本身出发，词义与声音之间的联系无论是社会成员约定俗成的结果，还是存在着可以言说的理据性，一旦成为社会习惯，就具有了相对的稳固性。从人的思维特点来看，人们对客观事物的评价和认识是稳定的。动物词的产生基于动物实体，因此词义稳固性更强，动物本身的生活习性和外在特征产生变化的速度是非常缓慢的，甚至比语言的发展速度还要慢，动物词的意义一般不会改变。某些动物词用于新的语言环境，产生了“旧瓶装新酒”的效果，如“恐龙”是生活在距今大约 2 亿 3 500 万年至 6 500 万年前的、能以后肢支撑身体直立行走的一类动物，现已灭绝，生物学家还原的恐龙的模样丑陋不堪。有些动物词原来的含义已经不为一般人所知，人们反倒更熟悉它的新义。如，“物”本义为杂色的牛，《诗经 · 小雅 · 无羊》：“三十维物，尔牲则具。”毛传：“异毛色者三十也。”后引申为事物之义，《说文 · 牛部》：“物，万物也。牛为大物，天地之数起于牵牛，故从牛。”

词汇意义是词义的核心部分，也是词典中注释具体词的词义时不可或缺的部分。几乎所有的词都含有词汇意义，那些表示具体事物、行为、状态的词所指的对象及其范围相对明确，词汇意义也更清晰。动物词以名词、动词、形容词为主，只有少量副词，因此其词汇意义很容易把握。词典中对动物词的释义主要是词汇义，经常使用归类、限定的方式将被释词放入适当的上位概念中，再加以适当的修饰和限制。

有的将被释词 m 和类词语 l 等同，指明动物词 m 所属的类 l，即 m=l。如：

麟，大牡鹿也。（《说文·鹿部》）

豝，牝豕也。（《说文·豕部》）

豕子，猪。（《尔雅·释兽》）

赤鹿，马鹿。（《现代汉语词典》）

有的指出动物词 m 是类词语 l 的一种，即 m=一种 l 或 m=l 的一种。如：

鵻：鸟名。一种小鸠。（《汉语大词典》）

猢狲：猕猴的一种，身上有密毛，生活在我国北方山林中。（《汉语大词典》）

有的说明动物词 m 是具备 t 特质的 l，即 m=tl 或 m=l，t。如：

猲，短喙犬也。（《说文·犬部》）

燕，白脰乌。（《尔雅·释鸟》）

犗，犍牛。（《汉语大词典》）

蛏干：干的蛏子肉。（《现代汉语词典》）

赤眼鳟：鱼，身体前部圆筒形，后部侧扁，银灰色，眼上缘红色，生活在淡水中。（《现代汉语词典》）

斑鸠：鸟，身体灰褐色，颈后有白色或黄褐色斑点，嘴短，脚淡红色。吃谷物、果实等。（《现代汉语词典》）

5.1.2 色彩意义

杨振兰（2009）指出色彩意义是词语中所蕴含的某种倾向、格调、韵味、气息等内容，是词义系统的一个分支。色彩意义是一个庞大而复杂的体系，由感情色彩、形象色彩、语体风格色彩、时代色彩、民族色彩、地方色彩、外来色彩等类聚构成。其中，感情色彩、形象色彩常常都渗透于词汇意义中，称为内蕴色彩，其余几种则附着于词汇意义而存在，称为外围色彩①。内蕴色彩是词语本身带有的，是人们在单独面对或运用这些词时可以明显感觉到的，外围色彩不来自对事物对象的感性反

① 杨振兰. 论新时期新词语的色彩意义[J]. 山东大学学报（哲学社会科学版），2009（2）：131.

应，是由具体言语环境所决定的表达色彩。

（1）感情色彩。

感情是主体认识客观事物或作用于客观事物时产生的对客观事物的态度体验。武占坤、王勤（1996）指出词在给予客观事物以称谓，表达人们对事物的概括认识的同时，往往还表达人们对客观事物的爱憎意味和褒贬评价。① 词的感情色彩，是为了实现词的表情作用而存在的，在词义系统中处于从属地位。“词的感情色彩正是伴随着某种词义而产生的一种补充成分，这是人们在长期使用语言的过程中经常用某些词来作为某种评价，或者经常把某个词用于某种场合而造成的。这种补充成分一旦产生之后，就与原来的词义结合在一起。”②

作为词义的附属意义，关于词的感情色彩的传统研究中，许多学者都是从褒贬角度来谈的，如汪见薰（1955）③、蓝仲文（1959）④、吕叔湘等。在词典注释中一般也只分褒义、贬义两种类型，并且一般只注出有强烈鲜明感情色彩的词。实际上人类情感是极其丰富和细腻的，感情色彩的表现形式也是多种多样的。除了褒义和贬义，还有喜悦、忧郁、痛苦、恐怖、悲伤、亲切、庄重、崇敬、嘲笑、厌恶、责备、憎恨等情感倾向。如，动物词中“白眼狼”“蠢驴”表达的是厌恶的情感；“狗腿子”“变色龙”“笑面虎”“老狐狸”“拍马屁”“狗胆包天”表达的是鄙夷之情，“纸老虎”“雕虫小技”表达的是轻视之义。

20世纪80年代后，感情色彩和词汇意义的关系得到了重视，并将语言的感情色彩和言语中的修辞现象区分开来。虽然词的感情色彩所承载的情感评价是词义本身所包含的要素，但不可否认的是，在语言运用中，可以激发词义表现主体情感的潜质。像“卓越”“坚强”“豢养”“恭维”这样的词，除了基本的理性意义，感情倾向也非常明显。语言中还有很多词，孤立地看，并不附有感情因素，但在特定的语言环境中也能带上感情色彩，并且这种感情色彩不是一成不变的。如“疯狗”，指患有狂犬病的狗，也作为詈词使用，常用来比喻丧失理智胡作非为的人。《醒世姻缘传》第八十九回：“这们样的疯狗，躲着他还怕不得干净。”

---

① 武占坤，王勤. 现代汉语词汇概要［M］. 上海：外语教学与研究出版社，1996.

② 徐志民. 关于词的感情色彩的几个问题［J］. 语言教学与研究，1980（3）：54.

③ 汪见薰. 谈谈词义褒贬［J］. 语文学习，1955（3）：60.

④ 蓝仲文. 词的感情色彩［J］. 语文学习，1959（2）：32.

感情色彩是与单义相联系的,因此多义词的感情色彩只对应它的一个义项。如上面谈到的"疯狗",再如"放羊""寄生虫"等。周荐(1985)指出"词的感情色彩和词的比喻义存在着一种对应关系:当词用于本义时,一般没有什么感情色彩而言,但在用于比喻义时就具有这种色彩"①,如"狗腿子""豺狼""虎兕"等。有些词的感情色彩是词在使用的过程中逐渐获得的,人们经常用一个词去肯定、称赞某种对象,久而久之这个词便带上了褒义色彩;相反地,一个经常被用于否定、批判某种对象的词便可能带上贬义色彩。如"虎视""鲸吞"都用来形容恃强凌弱,"豕突""鼠窜""乌合"均用来描述行动的混乱和无序,厌恶、嘲讽之情不言而喻,"雀跃""鹰扬"则分别给人欢快喜庆、昂扬向上的感觉,这与它们经常出现的语言环境是分不开的。如:

班固《汉书·蒯通传》:"常山王奉头鼠窜,以归汉王。"

曹植《与杨祖德书》:"昔仲宣独步于汉南,孔璋鹰扬于河朔,伟长擅名于青土,公干振藻于海隅。"

有些动物词的感情色彩是通过语法手段来实现的。方言中经常用重叠方式来表达对动物幼崽的亲昵和喜爱之情。如,神木方言中的"马驹驹""驴驹驹""羊羔羔"②,宜章方言中的"马崽崽""牛崽崽""羊崽崽""鸡崽崽"等③。再如,"小鸟儿""小狗儿""金鱼儿""毛驴儿"总能让人体会到亲切可爱之义,"老鸨""老鸦""老鼠"则是丑陋的,"蚊子""虱子""蝇子""骡子""狗腿子""兔崽子""王八羔子"之类的词就会令人感到排斥甚至是厌恶。可见亲切喜爱的感情色彩的表达可以通过前缀"小"和后缀"儿"来实现(或同时使用),而前缀"老"和后缀"子"表达的则是负面的情感效果。如表达喜爱之情要用"驴儿""狗儿",要体现厌恶鄙夷之色则用"老驴""老狗""驴子""狗子","老鸨""老鸦""老鼠"表达的是丑陋可怕之义。

有些动物,主体往往在其自身特点上赋予某种特定的含义或发出种种感慨,久而久之,这些动物便与这种特定的含义或感慨联系在一起,具备了某种感情色彩。基于思想意识、时代特征以及文化传统等方面的特点,人们的价值取向和情感评判也有所不同。

① 周荐. 试论词的感情色彩及其构成方式[J]. 天津社会科学,1985(3):76.

② 邢向东. 神木方言研究[M]. 北京:中华书局,2002.

③ 沈若云. 宜章土话研究[M]. 长沙:湖南教育出版社,1999.

(2)形象色彩。

语言是思维的主要工具,思维是语言生成和发展的深层机制。思维方式是指主体在思维过程中自觉或不自觉地使用的某种思想方法和思维模式。一般认为思维方式可以分为抽象思维和形象思维两种,形象思维是在对客观形象体系进行感受、储存的基础上,结合主观的认识和情感进行识别,并用一定的形式、手段、工具创造和描述形象的一种基本的思维形式。抽象思维与形象思维不同,不以人们感觉到或想象到的事物为起点,是人们在认识活动中运用概念、判断、推理等思维形式,对客观现实进行间接的、概括的反映的过程。

依据词所表示的客观基础的差异,词义有抽象义和形象义之分。有些词只有抽象义,有些词既有抽象义又有形象义,前者可称为抽象词,后者称为形象词。抽象词舍弃事物或现象的具体特点,具有高度的抽象性和概括性,在理解和掌握的过程中对抽象思维和理性思考依赖性强。形象词则依赖于人的形象思维,凭借人们的感性认识去理解词义及其所反映的客观事物。如:“思想:客观存在反映在人的意识中经过思维活动而产生的结果。”而“蝴蝶结:状如蝴蝶的结,把缎带或绳子折成两个或几个圈而形成的结”不但表达“结”这一抽象含义,还通过语素“蝴蝶”展示出“结”的形态特征,既含有抽象义又含有形象义,是典型的形象词。

“形”是物体占据一定空间的广延性存在,“象”是人脑对物体的映象反映。“形”是客观的,而“象”则具有浓厚的主观色彩。符淮青(1985)认为,由于表象想象的心理活动,词能在人脑中产生所反映对象的形貌,称为词的形象色彩。① 形象色彩是形象词所特有的意义,是通过抽象思维和形象思维的共同作用而实现的。表示具体事物的词往往给人一种形象感,这种形象感往往来自对该事物的形象的抽象概括。一般来说,除非予以特殊强调,否则这种形象感不会引起人们的重视,例如“一百只鹅”“两条蛇”中,虽然“鹅”“蛇”有具体的形象特征,但人们并不感到这两个词有什么明显的形象色彩。但是这些具有潜在形象感的词常常成为造词过程中可以选择的参照物,由它们参与构成的词形象色彩鲜明。

人们在创造形象词的过程中本着“近取诸身,远取诸物”的原则,经常选择日常生活中频繁接触的有形事物作为参照,空中飞的、地上跑的、水里游的、土里长的

---

① 符淮青.现代汉语词汇[M].北京:北京大学出版社,1985.

都可以作为选择的对象。如:狮头鹅、鹅卵石、蛇山、美人鱼、牵牛花、鹿角菜、马尾松、鸡冠花、猴头菇、牛心菜等。人们对事物的形象色彩的认识可以从动态、形状、色相、声音等方面进行,据此可将动物词分成这样几类:

①表动态:鼠窜、蛇行、雀跃、鸟瞰、蛰居、蚁聚、狼顾、蜗行、蜗居、蠕动、鱼贯、鹄望、龟缩。

②表形状:梅花鹿、鸡冠花、蜂窝煤、马尾松、鹤嘴锄、竹节虫、梭子蟹、板鸭、刀鱼。

③表颜色:蟹青、猩红、鹅黄、鼠灰、鱼肚白、鸡血红、鹦哥绿。

④表声音:知了、蛐蛐、叫哥哥、金铃子、娃娃鱼、秦吉了。

词的形象色彩与词汇意义水乳交融、浑然一体,甚至成为词汇意义不可或缺的组成要素。词典释义中经常使用“像……一样”“形容……的样子”“比喻……”“指……”之类的词来昭示词的形象色彩。作为词内蕴色彩的重要组成部分,形象色彩是在词产生之初或单义词成为多义词之际就获得的。正如武占坤、王勤(1983)指出的那样,词的理据是描绘或比喻性的,或多义词用于它的比喻义时,都会给人以具体形象感,这种形象意味就是词的形象色彩。①

如前所述,形象色彩与它本身的词汇含义和理性色彩是相互依存的。词汇系统中,动物词(特别是一些属词语)的命名,常选取人们所熟知的事物作为参照物,动物词又可以作为给其他事物命名的参照物,因此词汇系统中动物形象词数量众多。通过对动物形象词的综合考察,可以将其取象参照物归纳为以人体为参照、以动物及其身体部位或产出物为参照、以植物及其身体部位为参照、以非生物为参照、以人造物为参照几大类。

①以人体为参照。

喻动物:美人鱼、童子鸡、白头翁、白发鱼、长臂猿、长须公(虾)、海男子(海参)、西施舌(贝类动物名)。

②以动物及其身体部位或产出物为参照。

喻人体:鸡胸、鸡眼、耳蜗、马脸、雀斑、鹰鼻、鹅蛋脸、田螺眼、丹凤眼、蜂巢胃、驼背、鱼尾纹。

---

① 武占坤,王勤.现代汉语词汇概要[M].呼和浩特:内蒙古人民出版社,1983.

喻动物:白鳍豚、丹顶鹤、龙虾、凤尾鱼、驼背虫、牛蛙、狗獾、豹猫、蚕蚁、蜂鸟、驼鹿、鱼丙(鱼尾)、鱼乙(指鱼目旁呈乙字状的骨头)。

喻植物:鸡头(芡实)、雁齿(草名)、鹅肠(草名)、凤凰竹、马尾松、鸡冠花、猴头菇、牛心菜。

喻动作:鲸吞、蜂拥、蛰居、蚁聚、狼顾、蜗行、蜗居、蠕动、鱼贯、鹄望、龟缩。

喻颜色:鼠灰、蟹青、猩红、鹅黄、鸭蛋青、鱼肚白、鹦哥绿、鸭头绿。

喻星宿或星座:朱鸟、鸟喙、鹑首(指朱鸟七宿中的井宿和鬼宿)、金牛座、鲸鱼座、摩羯座、狮子座、天蝎座、白羊座。

喻自然景物:象鼻山、猫耳洞、鱼鳞坑、羊肠小道、鹅鼻(山谷名)、山嘴(山脚伸出去的尖端)、蛇脊(比喻蜿蜒的山脊)、鹅卵石、鹅毛雪、牛毛雨。

喻人造物:龙须面、鼠须(鼠须笔的简称)、木马、木鱼、雁齿(桥的台阶)、马蹄金(铸成马蹄形的黄金)、黄金蝉(蝉形的金首饰)、鹿角(军营的防御物)、蛇矛(矛之长者)、鹤嘴锄、狼牙棒、蝴蝶结、鸡心领。

以文字喻动物遗留的痕迹:鹤篆(鹤的爪印)、鸟篆(指形如篆书的鸟的爪迹)、篆蜗(像篆字形的蜗牛)、蜗篆(蜗牛爬行时留下的涎液痕迹)、虎爪书。

③以植物及其身体部位为参照。

梅花鹿、姜片虫、梅花翅(蟋蟀的一种)、枯叶虫、竹节虫、桃花马。

④以非生物为参照。

滴虫、蚝山、珍珠鸟、虾米。

⑤以人造物为参照。

刀鱼、剑龙、梭鱼、板鸭、袋鼠、面条鱼、金钱豹、瓢虫、蚝房、扇贝、鞋底鱼、眼镜蛇、金丝雀。

从造词角度来分析,常见的动物形象词的构造方式有比喻式(全喻:田鸡、椿象、鸭脚、木鱼、鹰犬等;半喻:狼狗、虎将、狐臭、狼顾、猩红、虾米、髻螺等)、说明式(爬虫、斑马、黄鸟、土虫、长臂猿等),详见本书第3章造词法部分。

一般来说,那些概括性强的动物词形象色彩明显弱于词汇意义更为具体的属词语,如:“鱼”“马”“狮子”等词是潜在的形象词,一旦参与构成形象词后,语义就变得具体而单一,如“金鱼”“马尾辫”“狮子头”等。动物形象词命名取象呈现出明显的不平衡性,也就是在命名时选取的参照物和取象角度是不平衡的。例如,在现实生活中与“牛棚”表意相似的是“猪圈”“羊圈”“马厩”，这些词并没有因为时代的变化带上形象色彩。对于同一事物，可以选择的命名角度可能不止一处，形态、纹理、色泽、声音、味道、位置、功用、动态无不可以成为关注的焦点。在实际的造词活动中不可能通过有限的语素使全部特征一一展现，只能选择一处加以强调。动物词也是如此，有的着眼于事物的形状（如猴头菇、鼠齿苋），有的依照事物的纹理（如斑鸠、梅花鹿）、动态（如蝶泳、猫步、豕突）来命名。即使着眼于同一侧面，也可能会选取不同的参照物，如“雁头”“鸡头”“乌头”都是“芡”的别名，尽管取象不同，但都是对花托形状展开相似联想，而“雁”“鸡”“乌”同为鸟类，“雁头”“鸡头”“乌头”的形状也不会相差很多。

词的形象色彩既不直接与社会制度、社会思潮的变革相联系，也不直接涉及主体的主观意识和个人情感的变化，而是更多地取决于长期的用词领域，以及词所反映的客观对象的某种形象特点，因而社会的发展和人的主观认识的变化都很难对其产生影响，比一般词语稳定性更强。与一般形象词的形象色彩一样，动物形象词总的特质就是修饰性、形容性和描绘性。形象色彩作为词义的一部分具备了词义所具备的一切特点，如客观性、概括性、发展性等，但形象色彩也有自己的独特之处。刘叔新曾论述道：“汉语中不论哪类词语的形象色彩，一般都会由于词语使用得频繁或已变得不新鲜而消磨掉。形象色彩的稳定性不是很强，其生命远不如词语的抽象意义那样长久。”①杨振兰也曾指出：“主体的感觉是容易被时间消磨的，尤其是形象性的感觉比较容易司空见惯，新鲜的刺激往往在时间的长河中被冲刷而淡化。同时人类的认识规律往往也是从具体到抽象发展，许多词的意义开始形成于具体事物、现象的基础上，也渐渐向抽象的概括的方向发展。”②

相比于抽象词，形象词表义具体形象，生动逼真，可以丰富词义内容，增加信息含量，加重感性特征，强化修辞色彩，有利于人们对事物对象的理解和认识。如“鹅黄”“鸭蛋绿”“鱼肚白”将“黄”“绿”“白”中的细微差别用动物词作为参照物形象地体现出来。再如，“鸡心领”“蝙蝠衫”“马蹄袖”“燕尾服”准确地说明了服装的款式和特点，精确地限定了词义的要素。那些可视可触、可嗅可闻的形象词往往能

---

① 刘树新. 词语的形象色彩及其功能[J]. 中国语文,1980(2):56.

② 杨振兰. 现代汉语词彩学[M]. 济南:山东大学出版社,1996.

急速传播、广泛流行，是语言生动活泼的重要词汇手段。动物形象词是艺术辞藻的一种，具有信息语言形态和审美语言形态的双重属性，既传递着丰富的语义信息，又承载着浓厚的审美信息，这些词所散发的生动鲜明的形象色彩作用于人们的各种感官，使人产生想象，唤起美感，引起人们对某类事物形象化的联想，进而产生鲜明而又真切的形象美感。

(3)语体色彩。

语体色彩是词义的外围色彩之一，指的是不同的词适用于社会交际的不同范围，适用于不同的文体，含有语体色彩的词是词汇系统中的一部分。[①] 作为语言的功能变体，语体是人们在不同领域的社会活动中进行交际时，根据交际的目的、对象、内容、场合等的不同，所呈现的不同风格特点。根据语言的不同要求来精心选择带有合适语体色彩的词语，是合作原则的体现，对提高语言的表达效果有重要的意义。语体色彩首先分为口语色彩和书面语色彩两大类。相比于书面语的庄重、典雅，口语更通俗、生动、活泼。例如："娃娃鱼"比"大鲵"贴近生活，"虎势"比"健壮"更生动。但是在正式的交际场合，诸如文艺、科技、政论、公文语体中，"小咬儿""熊包""懒虫""马驹子""雀盲眼""鸭子儿"之类口语性强的词就显得不合时宜了。

为了适应不同语体和环境的需要，含有不同语体色彩的动物词的数量相当丰富。如：科技语体中的"鱼白""鱼鳔""鲭科""蛇莓""雄鸟"，文艺语体中的"鸟儿""鱼儿""虫儿"等。相比于普通话，具有方言色彩的词也具备生动形象的特点。方言词汇经常以各种各样的形式走进人们的生活，有时甚至跻身全民语言的行列，成为普通话中不可缺少的一部分。如：东南沿海地区在经济发展中处于优势地位，出自粤语的"炒鱿鱼"渐渐为人们所熟知，方言特征渐渐褪去；随着充满浓郁东北风情的电视剧、二人转、小品在全国范围内的热播，"熊色""滚犊子"一类的戏谑语言一时间成了时髦词语。再如：北方地区，称"麻雀"为"家雀儿""老家贼"，可见该鸟在人们生活中十分常见。东北地区，黄鼠狼（黄鼬）被称为"黄皮子""大眼贼儿""苍鹭"被称为"老等"（因其性喜在水边等待觅食，长时间等待，以水中鱼类为食）。不同的名称体现了命名时不同的着眼点。可见，方言中的很多动物词兼具形象色

① 符淮青. 现代汉语词汇[M]. 北京：北京大学出版社，1985.

彩和口语色彩。

(4)其他色彩。

除了感情色彩、形象色彩和语体色彩,动物词还具备时代色彩、民族色彩、地方色彩、外来色彩等。时代色彩是词所体现出来的时代氛围和时代气息,是社会历史的变化发展在语言词汇中的投影和烙印,是时代风貌在词身上的一种凝固。①《诗经》所记录的周代,众多关于马的颜色词反映了当时社会贵族出行时对马的颜色较为关注;《左传》《论语》所代表的春秋时期,大量关于"牛"的词语的出现("牵""犁"等)告诉人们,牛是当时农业生产的主要畜力。民族色彩体现特定民族的倾向、特色和风格,如元代以后汉语中"乌龟""鸭子"经常作为詈词使用,而"龙""凤"一直被赋予神异的色彩。"孔雀舞""耍龙灯""赛龙舟""舞狮子"都带有浓郁的民俗气息。"熊猫"是我国西南地区高山中的珍稀物种,被称为"国宝"。具有地方色彩的词拥有特定的地域风情、乡土气息,这些词所代表的动物被作为特定民族、地域的物产、习俗、文化标记。如:"黑熊""紫貂""袍子"是我国东北地区的标志,"藏羚羊""牦牛"是西藏地区的标志,"长臂猿""眼镜蛇"是热带和亚热带地区的标志,"骆驼"是沙漠的标志。外来色彩是根据词的来源或概念而产生的一种色彩意义。我国自古以来以地大物博、物产丰富而著称,所以外来的动物词很少。现代汉语中的"热狗"带有明显的英语痕迹,但"骆驼""狮子"身上的外来色彩,已经随着时间的推移渐渐"褪色"了。这些外来的概念在汉族的社会生活中逐渐变得习以为常,不再具有新鲜感。

与西方语言相比,汉语的具象性特点特别突出, 汉语表达中用具体、可感性强的词汇象征或标示抽象概念的情况十分常见。在经验性思维方式的作用下,运用临摹性的语序结构创造新词是动物词典型的特征。而这些词常常兼具多种色彩意义,是当之无愧的"多彩词"。例如,把偷渡者称为"人蛇",而组织偷渡的人,则被称为"蛇头"。"人蛇""蛇头"既有形象色彩、地方色彩又含有令人厌恶的感情色彩。

(5)动物词在谚语中的色彩意义。

谚语以其深刻的内涵和丰富的表达形式备受人们的喜爱,是普通老百姓喜闻

---

① 杨振兰. 现代汉语词彩学[M]. 济南:山东大学出版社,1996.

乐见的语言表达形式，可以大大提升言语交际过程中的表现力和感染力。汉语中的谚语内容丰富、数量繁多、使用广泛，且具有极高的知识性和艺术性。《中国谚语集成》博采各家之长，将其定义为“谚语是民众共同创作、言简义丰、广为口传并较为定型的艺术化语句，是集体智慧和普遍经验的规律性总结。其特质兼具语言、文学、语俗及百科文化载体四性”。这一定义反映了我国谚语研究的最新成果，得到了谚语研究者的广泛认同。

我国的谚语理论研究始于郭绍虞先生的《谚语的研究》，此后人们对谚语的认识不断深入，以往的研究主要集中在谚语收集与词典编纂、谚语的语言特色和文学特征分析、谚语的认知分析等方面。本书在对《中国谚语集成・黑龙江卷》中的动物谚语进行全面分析的基础上，讨论谚语的词汇意义和色彩意义的来源，以及谚语所蕴含的形象色彩、感情色彩、时代色彩、风格色彩、民族色彩与地方色彩等。所讨论的动物谚语包括三类：一是含有动物名词的谚语；二是含有以动物词、动物身体部位及其产出物名称等为构词语素的衍生词，如“水煮大马哈鱼籽，喝后疹痘发得齐（赫哲族・佳木斯市）”；三是以动物为描述对象的谚语，如“夏天草一车，冬天活一窝（蒙古族・齐齐哈尔市）”。

①谚语的意义。

a. 谚语在词汇系统中的地位。

一直以来，关于谚语在词汇系统中的归属问题是词汇教学与研究中的一个争议问题，甚至有研究者将其排除在词汇系统之外。例如：黄伯荣、廖序东主编的《现代汉语》指出“熟语又叫习用语，是人们常用的定型化了的固定短语，是一种特殊的词汇单位”，包括成语、惯用语和歇后语。这种情况主要是由谚语本身表义的完整性造成的，谚语不但可单独成句，还可充当句子成分，所以也应属于语言单位。关于谚语的地位，依从温端政的主张，将其列为俗语的一员。

b. 谚语的意义及其构成。

董为光指出“词义是人们对词所指称的对象的认定，对所指事物表征、本质的感受、理解和评价，对于词语所含情感、语态的细腻体会，对于生动化构词依据的习惯性联想，以及对词的实际使用条件、方式（在语法上和语义上）的判断等方面的总和”。葛本仪指出“词义包括词汇意义、语法意义和色彩意义三个部分”。其中，词汇意义是最主要的，是语法意义和色彩意义存在的前提，因此有时“词义”往往被用来单纯指词汇意义。由于词汇意义也被称为概念意义或理性意义，因此为了避免不必要的歧义与冲突，将谚语的词汇意义称为理性意义。对应词义，谚语的意义也包括理性意义、语法意义和色彩意义，这里的语法意义不是构成谚语的词的语法意义，而是谚语本身的句法意义。谚语的意义是由构成谚语的所有的词的意义（包括词汇意义、语法意义和色彩意义）、语法结构的意义及谚语产生和使用的社会环境及文化背景信息相互作用而形成的意义。

谚语的理性意义比词的词汇意义更为复杂，它不是相关词义的简单相加，而是有效整合。谚语的内部组织关系相对简单明晰，除了少量的特殊领域的谚语外，人们总是能够为构成谚语的若干词确定合适的词义，并将其有机地组合起来，从而做到“听其言而知其义”，自觉地获取知识或增长经验。例如“春放尾巴夏放肉，到了秋季就放油（齐齐哈尔市）”，其理性意义是“（羊）在春天长骨架，夏天变得健壮，秋天容易长膘”。“放”表示生长，“油”也称膘，表示动物身上的脂肪，其他词均取本义。

谚语的语法意义是谚语所采取的语法形式的意义，也包括修辞意义。例如：“春放尾巴夏放肉，到了秋季就放油”是一个陈述结构，用来说明羊的生长特点与季节的关系。谚语中大部分是陈述结构，也包含疑问结构，如“萤火虫岂能顶个星星亮（朝鲜族·佳木斯市）”；祈使结构，如“莫想青山鸟，喂好笼内鸡（达斡尔族·齐齐哈尔市）”；缩略结构，如“春跑骨头，秋跑膘（齐齐哈尔市）”；“共田荒，共马瘦（满族·哈尔滨市）”；被动结构，如“人老实被欺，马老实被骑（蒙古族·大庆市）”；比较结构，如“毛驴是个怪，骑上倒比牵着快（齐齐哈尔市）”；比喻句式，如“母羊好比摇钱树，仔羊好比聚宝盆（齐齐哈尔市）”“学习没计划，盲人骑瞎马（达斡尔族·齐齐哈尔市）”；夸张句式，如“人无错成神，马无错成龙（哈尔滨市）”等。

不是所有的谚语都含有隐含意义和文化意义，这些意义需要掌握相关常识、积累经验才能获取。例如：“春放尾巴夏放肉，到了秋季就放油。”是草原上的牧民根据经验总结出来的生产谚语，没有隐含意义，蕴含的文化意义为养殖业是当地经济建设的重要组成部分，人们在劳动实践中总结了丰富的饲养和放牧经验。

②谚语的色彩意义的来源。

杨振兰指出“词的色彩有时也称为感性意义或修辞意义等，指词中所蕴含的某种独特的格调、韵味、倾向、气息等，包括内蕴色彩和外围色彩”。内蕴色彩包括渗透在词汇意义中的感情色彩和形象色彩，外围色彩指附着在词汇意义之上的是时代色彩、风格色彩、外来色彩、民族色彩、地方色彩等。谚语的内蕴色彩意义是由词的意义和整个结构的意义共同承担的，谚语意义的所有构成部分均可以成为谚语的时代色彩、风格色彩、外来色彩、民族色彩、地方色彩等的来源。

a. 来源于词的意义。具有色彩意义的词会使其所构成的谚语也呈现相同的色彩意义。例如：

Ⅰ. 天鹅之首，雄鸡之冠。（哈尔滨市）

Ⅱ. 人是衣裳马是鞍，扎古扎古就好看。（满族・哈尔滨市）

Ⅲ. 刹生鱼，脆生生，塌拉哈，油汪汪。（赫哲族・佳木斯市）

例Ⅰ中“首”“冠”具有书面语体色彩。例Ⅱ中“扎古”具有地方色彩。例Ⅲ“刹生鱼”“塌拉哈”含有民族色彩；“脆生生”“油汪汪”含有形象色彩和口语语体色彩。

有些谚语的色彩意义在相关词语组合到一起之后才能体现出来。例如：

Ⅰ. 爱叫的鸟不做窝，空喊的人不干活。（满族・齐齐哈尔市）

Ⅱ. 野鸡和狐狸不搭言，好人和坏人别攀亲。（鄂伦春族・黑河市）

Ⅲ. 修水库，有三好，灌溉，养鱼，点灯亮。（伊春市）

Ⅳ. 靰鞡鞋，跑得快；鳇鱼鳔，粘得牢。（赫哲族・佳木斯市）

例Ⅰ含有批评的感情色彩；例Ⅱ含有形象色彩；例Ⅲ含有时代色彩；例Ⅳ含有民族色彩。

b. 来源于结构意义。通过谚语的语法结构意义来传达与之相应的色彩意义。例如：

Ⅰ. 大鹏高飞万里，群鸟岂识其志？（蒙古族・杜尔伯特蒙古族自治县）

Ⅱ. 燕子虽小，能去江南。（朝鲜族・哈尔滨市）

Ⅲ. 鱼喜欢自己游过的水。（朝鲜族・牡丹江市）

Ⅳ. 棒打獐子瓢舀鱼，野鸡飞到饭锅里。（佳木斯市）

例Ⅰ、Ⅱ分别使用反问句、转折复句表达赞扬的感情色彩；例Ⅲ、Ⅳ分别通过比喻和夸张表示形象色彩。

c. 来源于隐含意义。这类谚语往往通过比喻或比拟的方式形象生动地说明隐含的道理，字面意义与联想意义之间的联系是靠相似性建立起来的，这种相似性本身就具有形象色彩。例如：

Ⅰ.打驴子给马看。(满族·哈尔滨市)

Ⅱ.见到故乡的乌鸦也高兴。(朝鲜族·佳木斯市)

Ⅲ.马尾巴只扇马屁股。(大庆市)

Ⅳ.进什么林,打什么鸟。(绥化市)

例Ⅰ用比喻的修辞手法表达对别人的行为提出警告;例Ⅱ用拟人的修辞手法说明故乡在人心目中的重要地位;例Ⅲ表示“自己只能顾自己”之意,词的意义本身没有色彩意义,但是组合在一起之后产生了形象色彩;例Ⅳ提示人们要根据环境采取相应的行动。

d.来源于文化意义。文化意义是指一个国家或民族的历史、地理、风土人情、传统习俗、生活方式、文学艺术、行为规范、思维方式、价值观念等,文化意义的表达往往伴随着色彩意义的阐释。例如:

Ⅰ.秃尾巴老李胜白龙,黑龙江水有了名。(黑河市)

Ⅱ.秃鹰不来啄,葬礼重新作。(蒙古族·杜尔伯特蒙古族自治县)

Ⅲ.宁做蚂蚁腿,勿学麻雀嘴。(赫哲族·佳木斯市)

Ⅳ.日暮鸟归林。(大庆市)

例Ⅰ含有地方色彩,这种意义来源于当地传说;例Ⅱ是指蒙古族古代的鸟葬,弃尸于野,任鸟啄食,含有民族色彩;例Ⅲ体现儒家思想中“敏于事而慎于言”的言行观,“蚂蚁腿”“麻雀嘴”分别用来比喻“做得多”和“说得多”,含有明显的形象色彩;例Ⅳ表达人在天黑的时候渴望回家,或年老的时候渴望回到故乡的情怀,在我国传统文化中常常用一天来比喻一生,用“鸟归林”比喻回家或回到故乡,如“日暮乡关何处是,烟波江上使人愁”(唐·崔颢《黄鹤楼》)、“羁鸟恋旧林,池鱼思故渊”(晋·陶渊明《归园田居》)。

③谚语的色彩意义的体现。

a.形象色彩。形象色彩是建立在主体对客观对象进行感性认识的基础上,是一种基于感觉、表象和想象等心理现象的联想色彩。谚语具有形象性特征,可以把具体可感的事物形象地描写出来,使人通过具体事物的图像、形状、声音、形貌、特征,感受到事物的具体性,从而引人联想,唤起人们的思想感情,达到声情并茂的表达效果。杨振兰指出“修饰性、形容性、描绘性是形象色彩总的特质”。这与谚语的形象性恰好吻合,因此谚语大多具有形象色彩。动物谚语的形象色彩通常通过以下途径来表达。

Ⅰ. 修辞手法。比喻、比拟、夸张等形象生动的修辞手法，在客观现实的基础上，运用丰富的想象力，或者将具有某种关联的事物联系在一起，或者故意言过其实以增强表达效果，因此总会呈现鲜明的形象色彩。例如：

ⅰ. 天老爷饿不死瞎家雀儿。

ⅱ. 山中无老虎，猴子称大王。

ⅲ. 秋收懒一懒，雀鸟撑瞎眼。

例ⅰ将底层人民比作"瞎家雀儿"。例ⅱ运用了拟人的手法，将动物写得有血有肉、栩栩如生。例ⅲ是夸张手法的应用，夸张地强调了秋收时节务必不能偷懒。

Ⅱ. 形象词的运用。形象词指的是含有形象色彩的词语，形象词使谚语也获得了形象色彩。常见的有象声词和重叠词。如：

ⅰ. 喳喳鸟没食吃。

ⅱ. 鱼过千层网，网网都有鱼。

例ⅰ含有拟声词"喳喳"。例ⅱ含有量词重叠结构"网网"。

Ⅲ. 词语之间的相互作用。谚语中，邻近词语间的相互感染可以使整个结构产生形象色彩。例如：

ⅰ. 害群之狼，腥锅之鱼。

ⅱ. 说比人高，做比人矮。

ⅲ.. 一千个嘴把式，顶不上一个手把式。

例ⅰ两个偏正短语组合之后含有痛恨、鄙夷的感情色彩。例ⅱ通过"说"与"做"、"高"与"矮"的对比，揶揄说得好而做的差的人，含有形象色彩和抨击、讽刺的感情色彩。例ⅲ通过"一千"和"一"的悬殊对比，强调行动的重要性。

b. 感情色彩。感情色彩是主体对客观对象的态度或感受，是主客观相互作用的结果。杨振兰指出："各个民族由于历史、传统意识、民族心理、生活习俗等方面的原因，总有一些特殊的感情色彩的词。"人与动物在长期交往的过程中建立了良好的亲密关系，黑龙江动物谚语中的生活谚、事理谚、修养谚、时政谚往往包含着当地人民对常见动物的情绪和态度。例如：

Ⅰ. 是马三分龙，是虎一身风。

Ⅱ. 没有梧桐树，引不来金凤凰。

Ⅲ. 恶龙单怕地头蛇。

Ⅳ. 山鹰不怕峰峦陡。

Ⅴ. 井里蛤蟆不嫌窄,云中苍鹰恨云低。

Ⅵ. 猴子装人,忘了自己长尾巴。

Ⅶ. 猴子戴乌纱,怎么看也不像官。

例Ⅰ、Ⅱ体现了人们对传说中的动物“龙”和“凤”的崇拜与敬畏,例Ⅲ中龙作为封建势力、恶势力的代表,含有厌恶与恐惧的感情色彩。例Ⅳ、Ⅴ中鹰是勇敢、力量、志向高远的象征,承载着人们的敬慕和赞美之情。例Ⅵ、Ⅶ中,猴子的活泼、顽皮、淘气与正统文化中推崇的庄重肃穆、彬彬有礼、落落大方相抵触,往往被看作是好大喜功、自以为是,因此遭到贬斥和嘲笑。

c. 风格色彩。风格色彩主要指语体色彩,可分为口语色彩和书面语色彩两大类。谚语由人民群众共同创作并在民间广泛流传使用,所用词语平易浅显,所举事物是日常所常见者,容易被大众所接受,因此大部分具有明显的口语色彩。流传过程中的不断加工和改造,使之言简义丰、深刻隽永。语音上儿化词、轻声词及押韵的运用,词汇上方言词、口语词、拟声词、叠音词等的选用,语法上反问、祈使、反复、比较等句式的使用,都使动物谚语展现出鲜明的口语色彩。

d. 民族色彩。黑龙江是一个多民族聚居的省份,很多少数民族动物谚语带有明显的民族倾向、特点和风格。由于各民族的生活方式、传统文化、语言表达方式不同,谚语的内容也有很大的区别。例如,赫哲族人喜爱吃鱼,穿的衣服也多半是用鱼皮、狍皮和鹿皮制成,素有“鱼皮制衣酒敬神,狗拉雪橇赫哲人”之称,动物谚语占据了赫哲族谚语的半壁天空。此外蒙古族、达斡尔族、鄂温克族一度以狩猎为主要生产技能,留下了大量的动物谚语,例如:

Ⅰ. 打猎不愁吃,砍柴不缺烧。

Ⅱ. 夏天捕鱼柳编罩子和撒网,冬天捕鱼凿冰叉鱼下大网。

Ⅲ. 没有猎犬,就像没有眼睛和耳朵。

这些谚语体现了黑龙江的少数民族先民们的渔猎生产活动。

e. 地方色彩。谚语的地方色彩是指谚语中所包含的地方气息、地方情调和地方特色。寒地文化、荒野文化和农耕文化共同孕育了独具地方特色的黑龙江谚语。方言词、当地地名和特有的动物词是谚语地方意义的主要承担者,这类谚语主要分布在以自然谚、风土谚、农林谚为代表的各类谚语中。如：

Ⅰ.燕子下仔多，必定是丰年。

Ⅱ.小鲫鱼，不怕羞，哩哩啦啦到大秋。

Ⅲ.长虫缠树，坏人缠身。

Ⅳ.臭鱼烂虾扔了白瞎。

例Ⅰ中“下仔”表示成功孵化。例Ⅱ“哩哩啦啦”表示断断续续。例Ⅲ“长虫”是蛇的意思。

人类在发展进化的过程中，始终与动物相依相伴，动物为人类的衣食住行提供了诸多便利。基于动物的身形体貌、生活习性及主体的民族心理和文化背景，动物被赋予了极强的主观好恶，承载着丰富的感情色彩和文化内涵。动物谚语作为黑龙江谚语的重要组成部分，充分体现了黑龙江地区人民的生产经验和生活感悟，是黑龙江地区寒地文化、荒原文化、乡村文化、多民族文化的直接映象。谚语中体现了动物对生存环境的依赖，人与动物之间的相互依存，不但有客观描述，还赋予了动物以人的性情和品质，或褒或贬，或扬或抑，形式多种多样、内容丰富多彩，传达生产经验、记录生活感悟的同时全面而生动地反映了人们的言行观、择偶观、婚姻观、利益观。

5.1.3　语法意义

语法意义反映的是人们对词的出现语境、使用方式的理解，集中体现在词的组合意义和搭配关系上。① 动物词是词汇中的一类特殊聚合，基于动物本身的实体性，动物词的意义总是清晰明确的，是词汇中便于人们“指认”的一类词。从词类的角度来看，动物词中绝大多数都是名词，可以指人、人体器官、动物、动物身体部件、动物产出物、植物、植物果实、器物、星座、疾病等；含有比喻义的动词和描述“物色”的形容词是动物词中的另外两类，数量有限，但特点鲜明，意义归属明确。一些名词常用词经常引申形容事物性质或状态，或者作为构词语素帮助构成其他的词。如：

这孩子多猴啊！

---

① 董为光. 汉语词义发展基本类型[M]. 武汉：华中科技大学出版社，2004.

小羊可猴哩!

高干大,你看你亲热的!还捏着手儿哩,把他当六七岁的猴娃娃哩!(欧阳山《高干大》第十一章)

桃叶妈也不由得想夸一夸自己的大木匠,免得日后这个猴女婿瞧不起。(王汶石《风雪之夜·大木匠》)

猴子乖巧、机灵,因而用来形容孩子或像孩子一样可爱的、精灵一样的人物,含亲昵之意。除了名词、动词、形容词外,还有少量的副词,《现代汉语词典》中列出了“立马”“马上”“鱼贯”“一窝蜂”四个副词,前两个由短语虚化而来,后两个则含有比喻意义。

除了基于自身的词义和词类的用法外,动物名词经常活用为动词或副词,表意更加形象鲜明。束定芳指出,在现有的词汇中没有合适的词汇来表达某一特定的概念或某一新概念,这种情况下,人们往往需要通过借用现成的词或表达法来表达这一新的概念以解决“语言贫困”的问题。语言表述上要求达到清楚鲜明的效果,语言模式上名词活用可以达到这一要求。此外,还可以减少语义模糊带来的负面效应使表意比一般动词更加具体。名词动用作为一种语用现象,它的选择和运用适应了语用原则中效率原则、合作原则和礼貌原则等。作为一种语言现象,名词动用符合说话人求简、求新、求异的心理,又能将说话人希望传递的重要信息内容凸显给受话人。①

动物词的词类活用集中在描绘表情和刻画动作两个方面。

1. 描绘表情

(老婆)叹口气说:“看你马起张脸。”(沙汀《减租》)

吴荪甫陡的虎起了脸,勃然骂道:“有这样的事!怎不见莫干丞来报告,他睡昏了么?”(茅盾《子夜》五)

周岩松二话不说,黑虎起眼来,吓吓冷笑一声说:“现洋!”(徐光耀《平原烈火》十九)

“马起张脸”表示脸上的表情、脸的形状等方面的变化关系,表达效果明显优于“拉长了脸”。“虎”指脸色变得阴沉严肃、凶狠可怕,像困兽一样让人忌惮。

---

① 王薇.名词动用的认知修辞研究[D].上海:上海外国语大学,2005.

2. 刻画动作

宝玉听话，便猴向凤姐身上立刻要牌。（《红楼梦》）

自成从火边虎地站起来，瞪着有点儿激动的眼睛盯着陌生人问：“鞑子是什么时候进来的？”（姚雪垠《李自成》第一卷第四章）。

柳顺猫下腰，伸手一摸，原来是个人。（浩然《弯弯的月亮河》九）

穷人要是狗着有钱的，往高处爬，比什么也坏。（老舍《柳家大院》）

猴子的特点是淘气、顽皮，用“猴”来描述宝玉像猴子一样攀援纠缠的动作可谓传神；“虎”捕食猎物时速度极其迅猛，此处凸显了李自成激动的情绪；“狗”善于讨好主人，摇尾乞怜，用来概括丧失自尊的人奉承、巴结的行为，作者的鄙夷厌恶之情溢于言表。

5.2 动物词义的发展

5.2.1 一词多义

词在产生之初一般是单义的，但随着社会的发展，其读音、意义以及记录它的符号文字都在不断地发生变化。丁振芳指出，一个单义词经过长期的辗转引申就变成了多义词，甚至变成了一个庞大的意义群。一个个词义，看上去杂乱无章又似无联系，犹如一堆散落的珠子，拿也不好拿，数也不好数，如果将它们串联起来，加以分析，找出其本义和引申脉络，就会使一堆杂乱无章的词义成为有条理的东西，若网在纲，执简驭繁。由此可见，厘清词的本义和引申脉络，对理解、掌握多义词的意义，提高阅读能力具有重要意义。① 动物词一词多义现象的研究，既可以加深对语言规律本身的了解又有助于厘清动物在社会生活中发挥的作用。

大多数动物词义的变化历程都可按图索骥地进行描摹。如：走狗，本指猎狗，出自《晏子春秋》：“景公走狗死，公令外共之棺，内给之祭。”这是因为善于奔跑的狗是捕猎的好帮手。走狗，也作“使狗走”解，即使狗奔跑，谓纵狗行猎。在畜牧业占主导和农猎并举的时期，狩猎都是十分常见的社会活动。在阶级社会中，这种活

① 丁振芳. 浅析汉语词义的引申[J]. 烟台师范学院学报(哲学社会科学版)，1995(3)：59.

动渐渐成为名门望族的纨绔子弟们喜好的娱乐活动和健身活动。六朝以后文献中常见“弋射走狗”“飞鹰走狗”“放鹰走狗”“斗鸡鹜,走狗马”“斗鸡走狗”之类的说法。到了唐代,这种活动常与寻花问柳、泼皮无赖的行为连在一起,成为吃喝玩乐、不务正业的代名词,因此具有贬义。清代以后,“走狗”也常用来比喻受人豢养、助纣为虐的帮凶,特定环境下还可以作为自称谦词使用。①“走狗”的词义演变过程,可表示为:猎狗→纵狗行猎→帮凶→谦辞。

词义的变化过程是自然而然地完成的,有时,其理据性显得较为抽象。如:象,殷商以及春秋时期仅表单一意义,到战国时期产生了“想象”之义,《说文·象部》:“长鼻牙,南越大兽,三季一乳,象耳牙四足之形。”关于这一引申义的产生,《韩非子·解老》说:“人希见生象也,而得死象之骨,案其图以想其生也,故诸人之所意想者,皆谓之象也。”在殷商及春秋时期中原地区常见的大象,《左传·定公四年》中记录:“王使执燧象以奔吴师。”由于气候和环境的改变,战国时期大象已经逐渐灭绝,在当时由于科技水平的局限,人们无法还原大象的真实面貌,只能在头脑中想象着大象的样子。这一历史事实反映到词的意义中就是从殷商到战国时期“象”的义位增加了,由单义词变成了多义词。② 根据以上分析,“象”的词义演变过程可表示为大象→想象。

动物词义的变化也体现在词义范围的变化上。如:雄和雌,《说文解字·隹部》:“雄,鸟父也。从隹厷声。”“雌,鸟母也。从隹此声。”最初专指鸟类,后来扩大到兽类、昆虫,乃至无生命的事物和人类。一般来说,雌鸟羽毛稀少、色泽灰暗,少有人注意;雄鸟则多羽毛丰满、色彩绚丽,是人们欣赏和赞美的焦点,如孔雀、野鸡。《诗经·邶风·雄雉》:“雄雉于飞,泄泄其羽。”与鸟类相似,雄性兽类勇猛好斗、攻击性强,雌性则一般柔弱温驯、母性十足。对于昆虫而言,雄虫往往具备“发音”器官,如蛐蛐、蝈蝈等。传统文化中不仅动物可以分雌雄,而且风、彩虹、石头、干支、符契等也都可以分出雌雄。我国传统文化历来强调天人合一,用雄雌来指人也就

---

① 此用法明代已见,《万历野获编·卷十七》:【武臣自称】往时浙弁牛姓者,官副总兵,上揭张永嘉相公,自称“走狗爬见”。其甥屠谕德(应峻)耻之,至不与交。《汉语大词典》首引例过晚。

② 徐正考.论汉语词汇的发展与汉族历史文化的变迁[J].吉林大学社会科学学报,1994(1):85.

不足为奇。夏完淳《狱中上母书》:“淳死之后,新妇遗腹得雄,便以为家门之幸。”蒲松龄《聊斋志异·夜叉国》:“夜叉益悦,携一雌来妻徐。”由于生理和社会的原因,男性和女性在身高、体质、性格等方面有着明显的差异。男性高大强壮,代表了阳刚之气。与之相应,“雄”就有了高大、雄壮、刚强、勇猛、威武、有力等语素义,由此类推,“雌”也就有了细小、微弱、黯淡之义,这正是蒋绍愚所谓的“相因生义”。根据以上分析,“雄”“雌”的词义演变过程可表示为:

雄:雄鸟→生物中能产生精细胞的、阳性的→强有力的→强有力的人或国家

↓相因生义

雌:雌鸟→生物中能产生卵细胞的、阴性的→柔弱的、弱势的

5.2.2　词义引申的途径

在语言丰富发展的过程中,词汇的变化是词汇的发展与社会的发展、人们认识的发展以及词汇系统内部的矛盾和调整相互作用的结果。① 词义内部运动的基本形式是引申,当前关于词义引申的研究,至少可将研究视角概括为文化学视角、心理学视角、发生学视角、逻辑学视角、词汇学视角。② 词义发展的结果便是新词义的产生和旧词义的消失。动物新词义的产生途径可概括为由临时意义约定俗成和修辞意义约定俗成两类。

1. 由临时意义约定俗成

由临时意义的约定俗成是指动物词在原有词义的基础上依据上下文环境而产生新的含义,并渐渐固定下来成为新的义项,包括相类引申和包容引申两种。

相类引申指引申义与基础义在性质、特征、作用等方面有相似之处,动物词由表达某一事物而类推为表达另一事物或事物的性质、状态。如:“马”根据体态特征引申为大。明代李时珍《本草纲目·草五·马蓼》:“凡物大者,皆以马名之,俗呼大蓼是也。”章炳麟《新方言·释言》:“古人于人物辄冠‘马’字,马蓝、马寥、马蜎、马蚿是也。今淮南山东谓大枣为‘马枣’,广东谓大枣为‘马豆’。通言谓大蚁为马蚁。”“马鳖”又称“大水蛭”。这说明马有“大”义,这可能是因为马是家畜中身

---

① 葛本仪. 汉语词汇研究[M]. 北京:外语教学与研究出版社,2006.

② 谭宏姣. 词义引申的研究视角初探[J]. 松辽学刊(哲学社会科学版),2010(1):76.

形较为庞大的。“蓟马、灶马、马鲛、马陆、马蜂、褐马鸡、马薄儿、马兰、马蓝、马莲、马勺”都取“大”义。再如:牛,根据生活习性引申为倔强之义,喻人性格执拗。《北史·邢昕传》:“昕好忤物,人谓之牛。”又引申指不顺从,顶牛。《红楼梦》第一百一十七回:“若是牛着他,将来倘或认真寻了死,比出家更不好了。”

包容引申指引申义和基础义之间,在意义范围上具有包容与被包容的关系。具体说来,或是同时代的特指与泛指,或是不同时代的意义范围的扩大与缩小。如:“虫”的古义范围很大,徐灏《说文解字注笺》:“虫者,动物之通名,故或行,或飞,或蠃,或介,或鳞,皆以为象。”《大戴礼记·曾子天圆》:“毛虫之精者曰麟,羽虫之精者曰凤,介虫之精者曰龟,鳞虫之精者曰龙,倮虫之精者曰圣人。”现在“虫”的意义缩小为昆虫,个别方言中也有例外,《水浒传》中称虎为“大虫”,现在北京人称蛇为“长虫”。再如:“禽”原指兽的总名。《周易·井》:“井泥不食,旧井无禽。”高亨注:“禽,兽也。”汉王充《论衡·遭虎》:“虎也诸禽之雄也。”后仅指鸟类。《庄子·马蹄》:“禽兽成群,草木遂长。”成玄英疏:“飞禽走兽不害,所以成群。”又如:“鸟”,《说文》:“鸟,长尾禽总名也。”“隹,短尾禽总名也。”后“隹”不单用,“鸟”包括“隹”,飞禽不分长尾、短尾,均称鸟。

2. 由修辞意义约定俗成

修辞意义的约定俗成是指动物词的修辞义固定在词义系统中,进而成为该动物词的固定义项的过程,常用的修辞方法是比喻和借代。比喻义产生的过程是词的基础义作为喻体,被比的事物作为本体,本体的意义约定俗成后转化为引申义。由意义相关、相近的两个语素组合而成的并列式复合词经常会形成比喻引申义。如:

【蟊贼】吃禾苗的两种害虫。比喻危害人民或国家的人。《诗·小雅·大田》:“去其螟螣,及其蟊贼。”毛传:“食根曰蟊,食节曰贼。”《诗·大雅·召旻》:“天降罪罟,蟊贼内讧。”

【狗彘】犬与猪。常比喻行为恶劣或品行卑劣的人。《孟子·梁惠王上》:“鸡豚狗彘无失其时,七十者可以食肉矣。”汉贾谊《新书·时变》:“黥劓者攘臂而为政,行惟狗彘也。”

偏正式复合词也常常产生比喻义。如:

【牛从】牛的肛门。比喻处于从属地位。《战国策·韩策一》:“臣闻鄙语曰:

‘宁为鸡口,无为牛后。’今大王西面交臂而臣事秦 ,何以异于牛后乎?”

【虎口】老虎之口。比喻危险的境地。《战国策 · 齐策三》:“今秦四塞之国,譬若虎口,而君入之,则臣不知君所出矣。”又比喻大拇指和食指相连的部分。

动宾式复合词通过比喻将引申义固定下来的情况也很常见。

【跑马】本义骑着马跑,引申为赛马。①

【执牛耳】古代诸侯订立盟约,要割牛耳歃血,由次盟国的代表拿着盛牛耳朵的盘子,主盟国莅之,故称次盟国为执牛耳。《左传 · 哀公十七年》:“诸侯盟,谁执牛耳?”杜预注:“执牛耳,尸盟者。”后来引申为在某方面居于次要地位之人。

【跑龙套】龙套本指传统戏曲中成队的随从或兵卒所穿的戏装,因绣有龙纹而得名,后来渐渐将此类戏剧中的角也称龙套。龙套的角色,虽然不必有造诣精深的坐念唱打,但是讲究“立如钉,走如风”,动作轻盈快速像跑起来一样,故跑龙套是主角的陪衬,常用来比喻在别人手下做无关紧要的事情或甘愿做普通工作的人。

借代引申指引申义与基础义是借代关系,借代义是约定俗成地固定在词义中的永久性的意义。借代义产生的过程是词的基础义作为借体,本体的意义约定俗成后转化为词的引申义。

有的用动物外形或身体部位指代其他事物。如用“鲸鱼”代指形状如鲸鱼的撞钟杵。《文选 · 班固〈东都赋〉》:“于是发鲸鱼,铿华钟。”古书中这类情况特别多,体现了古人“以已知喻未知”的思想。如:宝鸭代香炉、金鱼代钥匙、金蛇代闪电、狼牙代箭头、苍龙代老松、羊头代箭镞、羊肠代小路、羊角代旋风或枣、虾须代帘子的流苏、鱼尾代眼角或霞光、鹿角代防御工事、麂眼代篱笆、鱼网代纸、马蹄代箭靶、蚁代酒、蛾眉代美女、大猪代象、马乳代葡萄、鸭脚代指葵和银杏、鸭掌代指园葵、鹅眼代钱、鸡心代枣、鹰爪代嫩茶、龟代印章或碑座、鸳鸯代鸳鸯瓦或香炉、蟾蜍代砚滴或砚台等。有的是其他事物的外形特征或身形姿态代动物,如伏翼代蝙蝠、黄斑代老虎等。

有些借代引申着眼于动物的功能和作用。唐代韩愈《赠同游》诗:“唤起窗全曙,催归日未西。”洪兴祖注:“唤起、催归,二禽名也……催归,子归也;唤起,声如人络丝,员转清亮,偏于春晓鸣,江南谓之春唤。”明代李时珍《本草纲目 · 禽三 ·

① 周荐. 比喻词语和词语的比喻义[J]. 语言教学与研究,1993(4):152.

伯劳》:“古有催明之鸟,名唤起者,盖即此也。”这里使用鸟的“唤起”“催归”的功能代指鸟本身。其他如:伺晨鸟(司晨鸟)代鸡、俊乘代骏马、唤雨代鸟、守宫代蜥蜴、含蝉或衔蝉代猫等。

有些借代引申着眼于动物的声音。用动物发出的声音来代指动物。如:《吕氏春秋·求人》:“啁啾巢于林,不过一枝。”这里用“啁啾”代小鸟。再如:“促织”代蟋蟀、“鶃鶃”代鹅等。有些引申用动物身上有标志性的部位代动物。如:鳞是鱼类的特征,所以诗词中常用其代“鱼”或“龙”,“吞舟鳞”即吞舟的大鱼,“游鳞”即游龙,“犯鳞”表示向君主直谏。再如:羽毛是鸟类的特征,因此常用“羽”或“翎”代鸟,常有“异羽(珍鸟)”“短羽”“秋羽”“飞羽”“飞翮”之类的说法。其他如:“肉角”代麒麟、“黄颔”代幼鸟、“白颈”代颈白的乌鸦。用材质代产品、专名代通名的现象也很普遍。前者如:兔毫、兔颖、狼毫、鼠尾、鼠须代毛笔;后者如:黄耳代犬狗、龙泉和龙渊代利剑、龙庭代边塞、龙沙代塞外、紫燕代骏马、黑牡丹代牛、乌龙代狗等。

尤其值得注意的是典故性借代,典故性借代词的意义源自历史传说、民间传说或古书词句,往往需要具有一定背景知识才能理解。如:“双凫”本义为两只水鸟;两只野鸭,后来便与王乔的故事紧密相连,成为一个具有特定文化内涵的典故。《后汉书·方术传上·王乔》:“王乔者,河东人也。显宗世,为叶令。乔有神术,每月朔望,常自县诣台朝。帝怪其来数,而不见车骑,密令太史伺望之。言其临至,辄有双凫从东南飞来。於是候凫至,举罗张之,但得一只舄焉。乃诏尚方诊视,则四年中所赐尚书官属履也。”大概意思是说,河东人王乔在显宗时,做了叶县县令。他有神仙之术,每月初一、十五,常从叶县到朝廷朝见皇上。皇帝看他来得很快,但未见到他的车马,很觉奇怪,便秘密叫太史侦察伺望他的行踪。太史报告说,王乔到来时,常有两只水鸟从东南飞来。于是皇上叫人张开罗网,捕捉水鸟,只得到一只鞋。检查那鞋,是四年中赐给尚书官属的鞋。

其他像“乌”“踆乌”“踆鸟”“织乌”代太阳,“蟾”“蟾蜍(亦作蝉蜍)”“老蟾”“蟾轮”“玉兔”“白兔”“金兔”“银兔”代月亮的情况则为人们所熟知。

5.3 小　　结

词义研究是词汇研究的重要组成部分。与一般词汇相比,动物词的词义既有共性特点，也有鲜明的个性特征。本章重点分析了动物词的色彩意义和动物词义的引申。色彩意义中，形象色彩和感情色彩最能体现动物词义的独特性。以动物名称为语素构成的联想意义丰富的词语集中体现了造词过程中具象思维的作用，是汉语文化词语中丰富多彩的一部分。正如王国安、王小曼所描述："汉语极善于捕捉事物的形象色彩和可感知的特征。""习惯于用相应的具象使概念生动可感而有所依托。"①原本平等的动物，又因各种各样的原因被寄托了各不相同的感情色彩，很难想象语言中如果缺少动物词，人类思想感情的表达将会受到多大程度的限制。基于自古以来人们对动物的重视和动物词本身的实义性特征，与一般词语相比，动物词义的演变发展的线索和规律更容易把握。人们发现，那些动物常用词不但使用频率高、词形古今变化小、构造新词能力强，且词义丰富、义项众多。

① 王国安，王小曼. 汉语词语的文化透视[M]. 上海：汉语大词典出版社，2003.

第 6 章　动物词与民族文化

文化是人类创造的物质财富和精神财富的总和。[①] "民族文化"是指具体的某一民族所拥有的文化总体,它与文化相对而言,是文化的具体存在形式。[②] 词汇作为语言的建筑材料,是语言中与文化联系最为密切的一个层面,是一种直接与民族生活习惯、传统伦理观念、思维特征密切相关的语言要素,换言之,一个民族的语言词汇系统是该民族文化的重要载体。语言既是文化的载体,又是文化的一个组成部分。将语言置于文化背景之中,揭示文化在某些语言现象形成发展过程中所起到的作用,可以加深人们对语言的正确理解;借助语言知识分析、理解文化现象,解释、说明某些文化现象的形成、发展和演变,可以拓展人们对文化的认识。人类的发展和进步,始终与动物相依相伴,有些动物在人们的生产生活中发挥着重要的作用,记录这些动物的词也在语言中留下了深深的烙印。动物词是词汇系统中相对开放的一类特殊聚合群,透视动物词所蕴含的深层文化寓意,既有助于加深对文化现象的认识,又有利于对语言本身的理解。

汉族的认知特点和文化传统决定了人们对动物词的使用特点。传统典籍中记录了众多与动物有关的传说、故事和历史事件,这些记载有些以典故的形式出现在后来的语言中。此外,古往今来,很多动物词经常作为詈词使用。将人贬低为动物,将兽性强加于人性之上,可以痛快淋漓地发泄主体的不满情绪。特别是宋元以来通俗文学作品的兴起,动物詈词甚至成为俗文化中不可或缺的组成部分。作为人类生活中最常见的语言现象,历代的人名和地名同样体现了人们的文化取向和价值追求。透过人名、地名可以看出汉族在精神、文化、趣味、情操等方面的倾向性

---

① 马清华. 文化语义学[M]. 南昌:江西人民出版社,2000.

② 张公谨,丁石庆. 文化语言学教程[M]. 北京:教育科学出版社,2006.

特点。

6.1　动物词与典故

典故指的是诗文中习用的古代故事和源于历代典籍的词语，因此古事和旧辞是构成典故的两大要素。王小莘(1999)指出典故性词语的形成方式大约有三个方面：一是古代典籍原句的直接摘取；二是古代典籍词句的增删、改造或截取；三是历史故事、寓言故事、神话故事和古代人物事迹的提炼与概括。①

6.1.1　动物词与神话传说

有时，人与动物的亲密互动以神话故事的形式流传下来。袁珂在《中国神话史》中说道："最原始的神话当然不是什么开天辟地、创造人类之类，……那时人们只能从物我混同的心理状态，就眼前所见的景物创造神话。"白族史诗《创世纪》第一部分"洪荒时代"描写洪荒时代的景象说："在洪荒时代，树木会走路，石头会走路，牛马会说话，猪狗会说话，鸡鸭会说话，飞鸟会说话，等等。""最早的一批神话，实在便是一批动物、植物故事。"②原始社会，人们对很多自然现象的认识都处于蒙昧的状态，便试图借助于身边的动物和植物来帮助加以诠释，于是它们便具备了奇异的力量，充满了神秘的色彩。

很多动物词的产生是基于神话传说的，例如，很早以前人们对太阳和月亮就已经充满了探究的欲望。传说中有"三足乌"居于太阳中的说法，《淮南子·精神》说："日中有踆乌。"高诱注："踆，犹蹲也。谓三足乌。"王充《论衡·说日》："日中有三足乌。"1972 年长沙马王堆一号汉墓中出土文物中，有一幅彩绘帛画，画的右上方是一轮红色的太阳，太阳中间蹲坐着的乌鸦。足见这一传说影响极其深远。所谓"踆乌""三足乌"，其实就是太阳黑子③的形象。《后汉书·五行志》记载：汉灵帝中平五年(公元 188 年)，"日色赤黄，中有黑气如飞鹊，数月乃销。"这也说明，太

---

① 王小莘.汉语源流漫笔[M].广州：广东教育出版社，1990.

② 袁珂.中国神话史[M].重庆：重庆出版集团，重庆出版社，2007.

③ 太阳黑子，是指太阳光球层上出现的黑斑。其形成原因是太阳表面的气体流动出现旋涡，旋涡的温度比其他区域低，这样，从地球上看太阳，好像太阳表面有黑斑。

阳黑子的形状有时确如飞鸟一般。后因以“乌”“踆乌”“踆乌”“织乌”“乌轮”“东乌”“九乌”指代太阳，又因太阳是地球上光和热的来源，太阳的光芒热烈而闪耀，故也用“金鸦、金乌、金乌、乌焰、旸乌、阳乌、赤鸦、赤乌”来表示太阳，用“晨乌”来表示初升的太阳。

与“三足乌”对应，传说中还有兔和蟾蜍居于月亮之中的说法。《淮南子·精神》：“月中有蟾蜍。”南朝梁代刘昭对《后汉书·天文志》：“言其时星辰之变。”注曰：“羿请无死之药于西王母，姮娥窃之以奔月……姮娥遂托身于月，是为蟾蜍。”因此用“蟾”“蟾蜍（亦作蟫蜍）”“老蟾”“蟾轮”“蟾盘”“圆蟾”“灵蟾”来指代月亮，传说中月宫清冷而晶莹，于是又有“素蟾”“冰蟾”“凉蟾”“寒蟾”“清蟾”“晶蟾”“玉蟾”“玉蟾蜍”“孤蟾”“金蟾”“银蟾”“蟾魄”的说法。“秋蟾”即“秋月”，“缺蟾”即“缺月、残月”，“蟾宫”表月宫，“蟾彩”表月亮的光芒。还有一种说法是，姮娥触犯禁令奔月后，被天神变成了玉兔，在月宫中为天神捣药以示惩罚。王充《论衡·顺鼓》：“月中之兽，兔、蟾蜍也。”《论衡·说日》：“月中有兔、蟾蜍。”因此，除了蟾蜍，兔也成为可以代表月亮的意象，“玉兔”“白兔”“金兔”“银兔”“月兔”“阴兔”“兔轮”“兔魄”“顾兔”“玄兔”便有了“月亮”之义，“夕兔”即夜月，“坠兔”即月落。有时也将蟾蜍和兔两种形象结合在一起，用“蟾兔”来表示月亮。在上述传说的影响下，用“乌蟾”“乌兔”来表示日月。

在民间传说中，动物也常与国家、民族的起源和发展联系在一起，杜鹃就是充满了神异色彩的一种鸟。传说周代末年，七国称王，有个叫杜宇的人称帝于蜀，号曰望帝。他晚年时，洪水为患，蜀民不得安处，于是派其相鳖灵去治水。鳖灵察地形，测水势，疏导宣泄，水患遂平，蜀民安处。杜宇感其治水之功，让帝位于鳖灵，自己退而隐居西山。传说杜宇死后化作鹃鸟，后称杜鹃为“杜宇”。李远《送人入蜀》：“杜宇呼名语，巴江学字流。”文天祥《金陵骚》：“从小别却江南路，化作啼鹃带血归。”一种说法是望帝与鳖灵妻私通，被发现后惭愧隐居。《说文·隹部》：“蜀王淫其相妻，惭，亡去为子规鸟，故蜀人闻子规鸣。皆起曰，是望帝也。”《四川通志》卷201：“望帝自逃之后，欲复位不得，死化为杜鹃。”春耕时节，鹃鸟啼鸣，蜀人闻之曰：“我望帝魂也。”另一种说法是此鸟的叫声有催人归乡之意，因此也称“催归”。韩愈《赠同游》：“唤起窗全曙，催归日未西。”洪兴祖注：“唤起、催归，二禽名也……催归，子归也；唤起，声如人络丝，员转清亮，偏于春晓鸣，江南谓之春唤。”

“杜宇”“催归”都是杜鹃的别名，表达了蜀地子孙对先祖的悼念和怀恋，实际上蜀人之所以把先主杜宇幻化为杜鹃鸟，大概是因为杜鹃和农业生产有关，众所周知，杜鹃，又名布谷鸟，是农林益鸟。师旷《禽经》云：“杜鹃出蜀中，春暮即鸣，田家候之，以兴农事。”其次，杜鹃鸟的吟唱有“四音一节”的旋律，其声凄厉，动人哀思，正如李白《宣城见杜鹃花》诗云：“蜀国曾闻子规鸟，宣城还见杜鹃花。一叫一回肠一断，三春三月忆三巴。”或许正因此，蜀人才将其附会了早期艰难开创蜀国大业的望帝，将对农业生产、人民生活、国家发展等众多情愫会聚于一鸟。

6.1.2　动物词与传统典籍

人类在适应自然改造社会的过程中，始终与动物相依相伴，以历史文献和历代文学作品为代表的传统典籍中保留与动物有关的社会现象和历史故事不胜枚举，而这些现象和故事也以词汇的形式流传于世。

《乐府诗集·相和歌辞十三·饮马长城窟行之一》：“客从远方来，遗我双鲤鱼。呼儿烹鲤鱼，中有尺素书。”这首诗中的“双鲤鱼”，指的并不是真的鲤鱼，而是指用两块板拼起来的木刻鲤鱼，是现代信封的雏形。“呼儿烹鲤鱼”，即解绳开函，“中有尺素书”即开函看到用素帛写的书信。这种鲤鱼形信封沿袭很久，一直到唐代还有仿制。后用“鱼素”“鱼书”“鲤鱼”“鲤素”表书信。“鲤鱼”还用来借指传递书信者，如唐代孟浩然《送王大校书》诗：“尺书能不恡，时望鲤鱼传。”唐代元稹《苍溪县寄扬州兄弟》诗：“凭仗鲤鱼将远信，雁回时节到扬州。”这些起源于当时社会的通信方式的动物词，频繁出现于历代经典的文学作品中。

传统意象中，除了鱼，雁也与书信联系在一起。《汉书·苏武传》：“昭帝即位。数年，匈奴与汉和亲。汉求武等，匈奴诡言武死。后汉使复至匈奴，常惠请其守者与俱，得夜见汉使，具自陈道。教使者谓单于：言天子射上林中，得雁，足有系帛书，言武等在某泽中。使者大喜，如惠与以让单于。单于视左右而惊，谢汉使曰：‘武等实在。’”唐代权德舆《寄李衡州》诗：“主人千骑东方远，唯望衡阳雁足书。”据明代张萱《疑耀》卷二记载，相传元郝经亦有雁足传书事。中统年间，郝经以宣慰副使使宋，被扣于真州，十六年不还。经畜一雁，甚驯。一日经书诗于尺帛曰：“露冷风高恣所如，归期回首是春初，上林天子援弓缴，穷海累臣有帛书。”系雁足而纵之。雁为猎者所获，献之元主，元主恻然，遂向南进军，越二年，宋亡。在古人眼中，鱼、雁皆能传递书信,遂以“鱼雁、雁鱼、雁足、雁帛”表示书信。

有些关于动物词的表达是基于动物本身的形态特征或生活习性。如:鹗,性情凶猛,嘴短脚长,趾具锐爪,栖水边用盘旋和急降的方法捕食水中的鱼,俗称鱼鹰。明代李时珍《本草纲目·禽三·鹗》:“鹗,雕类也。似鹰而土黄色,深目好峙。雄雌相得,鸷而有别,交则双翔,别则异处。能翱翔水上捕鱼食,江表人呼为食鱼鹰。亦啖蛇。《诗》云:关关雎鸠,在河之洲。即此。”《汉书·邹阳传》:“臣闻鸷鸟累百,不如一鹗。”颜师古注:“孟康曰:‘鹗,大雕也。’如淳曰:‘鸷鸟比诸侯,鹗比天子。’鸷击之鸟,鹰鹯之属也。鹗自大鸟而鸷者耳,非雕也。”孔融《荐祢衡表》:“鸷鸟累百,不如一鹗。使衡立朝,必有可观。”宋代陈造《饯寄定海交代》诗:“诸公蜚鹗书,犯严尚遗力。”宋代吴泳《贺新凉·宣城寿季永弟》词:“爷作嘉兴新太守,团拜鹗书天府。”甘立《送戴寿卿》:“乌台争荐鹗,鹍海看飞鹏。”《佩文韵府杨维祯诗》:“孔公荐一鹗,义烈争秋霜。”常用“一鹗”来比喻出类拔萃的鲠直之臣,“鹗书”表示推荐人才的文书,“荐鹗”即为推荐人才之义。

有些文献记述了与动物有关的事件,后人对文献中关键情节和重要字眼进行提取,用组合或意合的方式创造了新的动物词。如:

【殷牛】《世说新语·纰漏》:“殷仲堪父病虚悸,闻床下蚁动,谓是牛斗。”后因以“殷牛”形容病重耳鸣,精神恍惚。

【熊鱼】《孟子·告子上》:“鱼,我所欲也,熊掌,亦我所欲也,二者不可得兼,舍鱼而取熊掌者也。生,亦我所欲也,义,亦我所欲也,二者不可得兼,舍生而取义者也。”后用“熊鱼”表示不可得兼之物。宋代范成大《丙午新正书怀》诗之六:”鹏鷃相安无可笑,熊鱼自古不容兼。”明代徐渭《避暑豁然堂大雨》诗:“百事兼熊鱼,往往非着意。”清代赵翼《自遣》诗:“熊鱼兼取本天慳,老去尘缘已尽删。”

【牛马】司马迁《报任少卿书》:“太史公牛马走,司马迁再拜言。”李善注:“走,犹仆也……自谦之辞也。宋代梅尧臣《八日就湖上会饮呈晏相公》诗:“红颊谁使歌,公怜牛马走。”清代钱大昕《十驾斋养新录·下走》:“应曰:‘下走,仆也。’……司马迁与任安书称‘太史公牛马走’,牛马走即下走也,上称官名,下则自谦之词。或解为太史公之牛马走,则迂而凿矣。”可见,司马迁以后,“牛马”即仆人,可作谦辞使用。

【雁行、雁列】《礼记·王制第五》:“父之齿随行,兄之齿雁行,朋友不相逾。”兄长弟幼，年齿有序，如雁飞之行。后以“雁行”“雁列”表示兄弟。钱起《李四劝为尉氏尉，李七勉为开封尉》：“采兰花萼聚，就日雁行联。”明代杨维桢《席上赋》：“鱼吹绿酒常双跃，雁列瑶筝不独飞。”

出自传统典籍的动物词还有很多，如：螟蛉、逐鹿、附骥、涂鸦、续貂、全豹、蛇足、鸡肋、鹊桥、鱼肉等。这些词通过比喻或借代的方式从古代走向现代，意义从特定逐渐转为一般。

6.2　动物词与詈词

《说文·网部》：“詈，骂也。从网，从言，网辠人。”一般说来，人在情绪激动而普通语言难以表达其心情时，常常借助于一些特殊的词来宣泄情感、平衡心理，因此“詈骂”是一种古已有之的言语行为。《尚书·无逸》：“厥或告之曰，小人怨汝詈汝。”孔颖达疏：“詈有骂之意。”《楚辞·离骚》：“女媭之婵媛兮，申申其詈予。”《史记·张耳陈馀列传》：“汉七年，高祖从平城过赵，赵王朝夕袒蔽，自上食，礼甚卑，有子胥礼。高祖箕踞詈，甚慢易之。”正如曹炜先生说：“詈词是人们在詈骂他人时所使用的一种词，是构成詈骂话语的最常见、最重要的单位。詈词是一种古老而又年轻的词汇现象。说它古老，是因为无论在哪一种语言中，詈词都是一种有着悠久历史的词汇现象；说它年轻，是因为在任何一种语言中，詈词始终处于一种不断推陈出新的可持续性发展状态。”①

无论民族、无关语言，几乎每个置身于社会中的人其一生中都或多或少地使用过这样的词，它几乎与人类社会是同步的。《左传·僖公三十二年》中有：“秦穆公谓之（指蹇叔）曰：‘尔何知！中寿，尔墓之木拱矣！”《史记》中范增：“竖子不足与谋！”此处仅以“竖子”两字指骂。伴随着语言通俗化和口语化，《西游记》中悟空骂八戒的“夯货”“呆子”等詈语也时时出现。据统计《水浒传》含指骂意味的“鸟”字就有 157 例。② 可见，詈骂这种言语行为在汉语中产生、存在的历史之悠久。正如鲁迅先生所言，其“博大而精微”“犹河汉而无极也”。它不仅“上溯祖宗，旁连姊妹

① 曹炜. 现代汉语词汇研究［M］. 北京：北京大学出版社，2004.

② 刘文婷.《金瓶梅》中詈语的文化蕴含与明代市民文化［J］. 宁夏大学学报（人文社会科学版），2000（3）：25.

下递子孙,普汉同姓”,而且“也施之于兽”。① 但总体来看,明以前的文献中詈语是非常有限的。

作为社会意识形态的构成要素之一,詈词的表达方式和特征渗透着某一社会群体的价值观念,一定程度上反映了该社会人们的生活方式和思维方式。一个社会集团的人们往往把主体的文化习俗、评价观念和情感好恶附加于动物体上,使动物也有了贵贱之分和褒贬之别。人类自称为万物之灵长,在詈骂的言语活动中,把人贬低为动物,特别是低贱的动物,无疑是对人最大的侮辱、鄙夷,表明被贬的人丧失人格而不配做人,这是传统的等级制度带来的人贵畜贱观念的一种反映。马清华指出将动物观念转用于人,一般引起降格,是语言的普遍特征。②

古代文献中用动物词来表达主体鄙夷和痛恨之情的情况很多。人们对动物的评价,首先是以物理世界中动物本身的特征、形体、功用等为基础的,一般说来,形体优美而又强壮有力,于人类有益的动物,比较容易获得正面评价;而那些形体丑陋且于人无益的动物往往会受到贬损和排斥。如:老鼠常常在夜间偷吃食物,常用来比喻人的胆小怯懦、难登大雅,又常因其在洞穴中积蓄食物,引申贪婪不知满足。

先秦文献中,常用鼠、鸟、蝇、猪来比喻人,将该动物的不尽如人意处与被骂者的不端行为或品格联系在一起,进而将人动物化,达到贬损、抨击的目的。《诗经·魏风·硕鼠》:“硕鼠硕鼠,无食我黍。”以由于贪吃而体态肥硕的“硕鼠”喻贪得无厌的剥削阶级,生动形象。《晏子春秋·外篇第七》:“谗夫佞人之在君侧者,若社之有鼠也,谚言有之曰:‘社鼠不可熏去。’谗佞之人,隐君之威以自守也,是难去焉。”将鼠与奸佞之人相对应,厌恶之情不言而喻。鸟类因为经常叽叽喳喳地叫,因此常常与“兽”连用来比喻人的聒噪多言,带有贬义。如:《论语·微子》:“鸟兽不可与同群,吾非斯人之徒与而谁与? 天下有道,丘不与易也。”与此相似《诗经·小雅·青蝇》“营营青蝇”以“蝇”的嗡嗡乱舞,来比喻小人极尽谗言,搬弄是非,颠倒黑白。《毛诗笺》云:蝇之为虫,汙白使黑,汙黑使白,喻佞人变乱善恶也。此外,用虎、豺、狼、狗、彘之类来指摘或诟病人或事的不足,也很常见,并一直被沿用下去。

嫂溺不援,是豺狼也。(《孟子·离娄上》)

小人内忘其亲,上忘其君,则是人也,曾狗彘之不若也。(《荀子·荣辱》)

① 赵子阳. 内蒙古西部区方言詈词与民俗文化[D]. 呼和浩特:内蒙古师范大学,2008.

② 马清华. 文化语义学[M]. 南昌:江西人民出版社,2000.

这里“豺狼”“狗彘”都是先秦以动物名骂人的实例。

关于人兽区分的标准，先秦时期已有相当明确的界定，尤其是孟、荀二家曾以仁、义、礼、智等作为标准论述人兽之别。秦汉时期以禽兽斥人时，仍基本上沿用相同的标准，只是随着礼法制度的更趋严密而略显差异。① 有时，骂人时直接斥之为禽兽或畜生。如：

定国禽兽行，乱人伦，逆天，当诛。（《史记・荆燕世家》）

荤粥氏无有孝行而禽兽心，以窃盗侵犯边民。（《史记・三王世家》）

（季布曰）：“且夷狄譬如禽兽，得其善言不足喜，恶言不足怒也。”（《汉书・匈奴传》）

刘宽简略嗜酒，尝坐客，使苍头市酒，迂久，大醉而还。对客骂曰：“畜生。”宽遣人视奴，疑必自杀。（《东观汉记・刘宽》）

常坐客遣苍头市酒，迂久大醉而还，客不堪之，骂曰：“畜产！宽须臾遣人视奴，曰：‘此人也，被骂畜产，辱莫大焉，吾惧其杀也。”（《后汉书・刘宽传》）

有时用具体的动物来打比方：

（李斯叹曰）：“人之贤不肖譬如鼠矣，在所自处耳！”（《史记・李斯列传》）

（昭睢曰）：“秦虎狼，不可信，有并诸侯之心。”（《史记・楚世家》）

故此一豫让也，反君事雠，行若狗彘，已而抗节致忠，行出乎列士，人主使然也。（《汉书・贾谊传》）

除沿用先秦的用法外，秦汉以后还有新的动物詈词。例如：

人言沐猴而冠，信然。（《史记・项羽本纪》）

这是以“猕猴”骂人。

任胸中之知，舞权利之诈，以取富寿之乐，无古今之学，蜘蛛之类也。（《论衡・别通》）

这里，以“蜘蛛”骂人，显而易见。

汉语中，“狗”在秦汉以前并没有太多的贬义色彩，《史记・孔子世家》中还有形容孔子“累累若丧家之狗”的生动描述。但从“狗”之与人的密切关系中，“狗”的卑微也渐渐被剥离出来。《晏子春秋》记载楚人欲辱晏子，以“狗门”迎接晏子，晏

---

① 刘福根. 古代汉语詈语小史[D]. 杭州：浙江大学，2007.

子则反唇相讥,骂楚为“狗国”。《礼记·曲礼上》:“尊客之前不叱狗。”旨在避免有辱客人之嫌。但到了魏晋南北朝以后,“狗”的词义有了明显的贬义色彩,常用作詈词,并有许多变体,如“狗辈”“死狗”“狗子”“狗脚”等。隋唐时期的用例继续增加,且出现了新的变体,但用作骂詈时意义有所泛化,常引申为卑劣、下贱之义,已具备了后世斥人为狗的基本含义和用法,元代以后这种情况更加常见。

秦汉以后的詈骂形式趋于多样化,詈词在继承中亦有所创新。如:与秦汉时的“畜产”相当,隋唐时出现了“畜生”“畜种”。

畜生何足付大事,独孤诚误我!(《隋书·后妃传·宣华夫人陈氏》)

王曰:“逆哉!父而尚害,况非亲乎?畜种难驯,凶情易动。除民之害,其功大矣;断父之命,其心逆矣。”(《大唐西域记·卷十一》)

据《朝野金载》卷六记载:“神龙中,户部尚书李承嘉不识字,不解书。为御史大夫,兼洛州长史,名判司为狗,骂御史为驴,威振朝廷。”可见此时,“驴”已作为詈词来使用。明代顾起元《客座赘语·诠俗》:“詈人之傲而难制曰牛,曰驴。”驴作为詈词在隋唐时已有,但用例不多,至宋元则常见,并有“驴头”“驴马”“驴马头”“秃驴”“精驴”“精驴禽兽”等说法。现代汉语中“驴”代表的是笨拙和愚蠢,“蠢驴”“笨驴”“老驴”“村驴”都是用来比喻蠢笨之人的。

宋元时期,用作詈词的动物、牲畜或昆虫的范围比以前扩大了很多,新增“牛”“羊”“兔”“鸭”“虫”“蛆”等。

那人大怒道:“这牛子好生无礼!”(《京本通俗小说·错斩崔宁》)

宋江正坐,只见关下解一伙人到来,说道:“拿到一伙牛子。”(《水浒传》第七十三回)

牛,吃苦耐劳,有悠久的饲养历史,是人类忠实的伙伴之一,历来受到尊重,用作詈词时,多用来贬斥乡人村民。“牛子”,即土包子。虫,以及相关的“蠢虫”“贱虫”“黑头虫”“咬虫”等出现频率也较高,如:

阮小二提将上岸来,指着骂道:“你这厮,是济州一个诈害百姓的蠢虫!”(《水浒传》第十九回)

这阎婆惜贼贱虫,他自和张三两个打得火块也似热,只瞒着宋押司一个。(《水浒传》第二十一回)

那里是有血性的白衣相,则是个无恩念的黑头虫。(《赵氏孤儿》第二折)

王婆道："咬虫！你先招了，我如何赖得过，只苦了老身！"（《水浒传》第二十六回）

蛆，苍蝇的幼虫，多生在粪便、腐肉等令人作呕的不洁的地方，作詈词时喻心肠恶毒。如：

普天下的婆娘，谁不待要占些独强。几曾见这狗行狼心，搅肚蛆肠！（《灰阑记》第一折）

我道是谁，原来是搅肚蛆肠的老虔婆。（《曲江池》第四折）

明清时期，以《金瓶梅》《儒林外史》《红楼梦》等经典小说为代表，詈词的使用频率与粗鄙程度都是空前的。"蠢虫""咬虫""狗""猪狗""猴子""鸭"等继续使用。如：

因把老妪骂了几句道："你这老不死，老蠢虫！这样人来寻我，你只回我不在家罢了，又叫他改日来怎的？"（《儒林外史》第四回）

贼老咬虫，没事便打我。（《金瓶梅》第四回）

老猪狗！你昨日为甚么便打我？（《金瓶梅》第五回）

这小猴子那里去！人家屋里，各有内外。（《金瓶梅》第四回）

猪天性贪食、懒惰，给人以又蠢又笨的印象，常用它来比喻好吃懒做、丑陋贪婪、肮脏下贱而又愚痴蠢笨的人，如"懒猪""笨猪""死猪""脏猪""蠢猪""肥猪""猪猡"等等。

那淫妇巧生言语，一头哭，一头叫道："问甚么！说起来妆你娘的谎子。快写休书，打发我回去，做不得这等猪狗样人！你若不打发我回家去，我明日寻个死！"（《喻世明言》第三十八卷）

赵公胜此时十分欢喜，见守城五将，一个都不曾逃脱，还活擒一个女子，忙叫小卒一面吹号齐人，一面着他们拿过两根杆子来，向胡成同赛云飞胯下一穿，两人抬一人，如抬猪猡一般而走。（《续济公传》第一百四十回）

这一点小崽子，也挑五挑六，咸嘴淡舌，咬群的骡子似的。（《红楼梦》第五十八回）

当物理性质的评价和社会文化层面的评价相冲突时，常常是后者占上风，甚至还会对物理世界加以人性化的"改良"和歪曲。"蝙蝠"形体丑陋，仅仅因与"福"谐音，其形象就华丽地转变为吉祥富贵，堂而皇之地成为民俗绘画的重要题材之一。因为与"洪福"谐音，红蝙蝠更是大吉大利的前兆；用"狐狸精"来骂年轻、轻浮的女人,是出于民间的迷信思想。

人类自身的生存繁衍过程,是一个不懈地征服自然、改造自然、适应自然的过程。在这个过程中,很多动物经历过被崇拜到被视为丑类的历史过程。这都是文化属性对人们思维特点的影响,进而作用于语言当中的词汇。如:狗在人们的生活中有重要的地位。狗是上古祭祀用牲之一,也是重要的食用肉畜之一,且其作为田猎用犬也是重要的贡品。如《礼记·少仪》中记载赠狗时,接受者“受之,乃问犬名”,足见其重视。《论衡·祭意》记载孔子慎重葬其畜犬,所引时谚“弊盖不弃,为埋狗也”反映出当时人们对畜犬的感情。[①] 近现代“狗”担负着看家护院的重要任务,不过,它们也会因此而在其他家禽面前耀武扬威,摆出一副“狗仗人势”的样子,与在主人面前的可爱、诚实、无辜的样子形成鲜明对比。因此,狗又常与趋炎附势、卑贱逢迎联系在一起,这种特性映射到人身上,便有了“疯狗”“看家狗”“丧家犬”“落水狗”“发狗疯”“狗肉上不了盘秤”“狗嘴里吐不出象牙”等等。低俗卑鄙者称为“癞皮狗”,助纣为虐,供人役使者为“走狗”“鹰犬”“狗腿子”“哈巴狗”,翻脸不认人称为“狗脸”等,如:

你在窑中等着,我如今寻那两个狗材去。(《东堂老》第三折)

武二是个顶天立地啮齿戴发的男子汉,不是那等败坏风俗伤人伦的猪狗!嫂嫂休要这般不识羞耻,为此等的勾当。(《金瓶梅》第二回)

“你这天杀的狗才,好一条母狗你看入了眼,来家里东想西想,就把那骚狗看成狐狸精一般勾魂摄魄哩。”潘金莲暗恨西门庆。(《金瓶梅》第七十二回)

“乌龟”本是长寿和高贵的象征,可自宋元后背上恶名,意义迅速变化,成为龌龊至极的詈词。《礼记》:“麟凤龟龙,谓之四灵。”龟作为地球上的古老“居民”,生存已有二十亿年,它虽然行动迟缓,适应能力却很强,寿命也很长,因此在我国传统文化中是长寿的象征。另外,“龟”与“贵”谐音,又是富贵的象征。《论语·季氏》:“虎兕出于柙,龟玉毁于椟中,是谁之过与?”《后汉书·宦者传序》:“自曹腾说梁冀,竟立昏弱。魏武因之,遂迁龟鼎。”周代专设“龟人”的官职,由其“掌六龟,若有祭祀,则奉龟以往。”(《周礼·春官》)在汉代,上层官员所用金印、银印的印纽一般为龟形,被称为“龟纽”,因以“龟”表印,又引申为“官职”,“解龟”即解去官印,表

① 黄红娟. 汉语词汇负面义研究[D]. 广州:暨南大学,2010.

示辞官。《汉旧仪》卷上:“丞相、列侯、将军,金印紫緺绶,中二千石、二千石,银印青緺绶。皆龟纽。”谢灵运《初去都》:“牵丝及元兴,解龟在景平。”唐代有大诗人陆龟蒙、乐师李龟年,从人名用字可见,那时龟是颇受人们尊崇的。陆游晚年,自号“龟堂”,取“龟贵”“龟闲”“龟寿”三义,并用龟壳做了一顶帽子戴在头上,以示尊贵。① 直到元代以后,龟的名声才陡然下跌,于是就有了“龟孙子”的说法。

野生动物中,狼和狐狸分别以凶狠和奸诈著称,“白眼狼”用来骂那些六亲不认、忘恩负义的卑鄙小人。狠心的人是“狠心狼”“野心狼”,好色之徒是“色狼”,善于伪装的是“披着羊皮的狼”。狡猾的人是“老狐狸”,风骚、行为不轨的人则称为“狐狸精”“花面狐”“骚狐”“狐媚子”。

虎:凶狠残暴的人是“坐地虎”,表面和气而内心毒辣的人是“笑面虎”,泼妇、刁妇是“母老虎”“雌老虎”“胭脂虎”。如:

朱氏女沉惨狡妬,嫁陆慎言为妻。慎言宰尉氏,政不在己,吏民语曰胭脂虎。(宋陶谷《清异录·胭脂虎》)

〔生〕醉态益狂,榻上胭脂虎,亦并忘之。(清蒲松龄《聊斋志异·江城》)

不同方言中,詈词的使用情况也会有所差异。在东北林区,熊和狍子一类的野生兽类很常见,以之为喻的语言现象也很多。熊身形高大,体态愚笨,憨态可掬,在东北人的心目中是软弱无能的代表,于是就有了如“熊货、熊包、熊包软蛋、熊色、熊色赖、熊汤”一类的词。“傻狍子”“土狍子”则代表了人们对“狍子”的看法。② “猴子”性情顽皮、上蹿下跳、做事无恒心、有始而无终,山西大同方言用“灰猴”指行为不端的人,“抹脱猴”指言行冒失、惹是生非的人,“爬长猴”指好吃懒做、不务正业的人,“不正色猴”指作风轻浮行为不正经的人,“旧粗猴”指爱吹牛皮、说大话的人。忻州方言用“把家猴”指守财奴,“家窝猴”指在家里霸道、在外懦弱的人,“烙毛猴”代表出于某种动机、白为他人做事的人,“跳蚤猴”喻性格不稳重的人,“撂炭猴”指城里油腔滑调、不务正业的年轻人,“翻眼猴”指翻眼不认账的人,“日粗猴”指喜欢说大话的人。可谓形象生动,丰富至极。③ 即使是各方言区共同使用的詈

---

① 杨琳. 汉语词汇与华夏文化[M]. 北京:语文出版社,1996.

② 谭宏姣,王海欧. 东北方言詈语特征浅析[J]. 吉林师范大学学报(人文社会科学版),2009(3):61.

③ 乔全生. 山西方言的几个置词后缀[J]. 方言,1996(2):130-136.

词,其内涵也不完全一致。如“畜生”,用来表达对那些失去人性的人的愤怒,北京话、江苏金沙话、浙江丽水龙泉话都不把猫当作“畜生”,龙泉话中还不包括羊,北京话、金沙话不包括鸡鸭。①

6.3 动物词与人名、地名

饶宗颐先生曾建议在历史学上开辟两个专门研究:一个是地名学,一个是人名学。② 每个具体时代的人名都不只是区别人与人的符号,同时又是文化的镜像和观念的折射。它反映了当时的社会思想、信仰、习俗、道德观、价值观、文化心理及美学观念。所以人名研究又具有社会学和文化史上的意义。③ 人名蕴含着丰富的文化内涵,犹如一部历史人文小百科,对其进行文化阐释对于了解社会风俗习惯、人文心理、文化观念有特殊的意义。

唐代乐工李龟年、李鹤年兄弟,农学家、文学家陆龟蒙的名字就是取“龟寿万年”“鹤命千年”之义,这与秦汉时期遗留下来的讲究养生、追求不死的神仙思想是一致的。南宋诗人王十朋,字龟龄,陆游,号龟堂,跟当时社会贵龟、尚龟的风尚是一致的。

再如,在汉族文化中,龙是伟大的象征,是帝王的象征,常用来形容杰出的人物。由它产生的故事和语言大多数都是美好积极的。虎也是中华民族的图腾崇拜物之一,我国许多民族的故事传说、语言文化、生活习俗等方面都留下一些崇拜虎的遗迹,人们畏虎、敬虎、爱虎。随着时代的发展,龙和虎所指的事物发生了变化,但其深刻文化内涵并未完全改变。近代文学作品以“龙”“虎”为男子命名的情况十分常见。清代小说《包公案》《七侠五义》《小五义》中的辅弼包公的侍卫张龙、赵虎最为人们所熟知,《水浒全传》中押解杨志回北京的公人名为张龙、赵虎,《五代秘史》中有大将张龙、李虎,《呼家将》中有猛将赵龙臣和庞龙虎,《小五义》中有侍卫邢如龙、刑如虎,《施公案》中有恶霸毛如虎、孙龙、朱龙。现代汉语中,一些文学影视作品中的黑社会或帮派的老大经常被称为龙哥、龙叔,他们聚集的场所常被称

① 马清华. 文化语义学[M]. 南昌:江西人民出版社,2000.

② 刘钊. 古文字中的人名资料[J]. 吉林大学社会科学学报,1999(1):60.

③ 同上。

为“龙虎堂”，这并不是偶然的巧合，说明作者们理解龙的内涵意义，希望通过名字暗示他们的身份和地位。一些企业和产品的名称也钟情于龙和虎，比如华龙、神龙、红金龙、飞虎、路虎等等，无不表达了对企业发展和产品畅销的期望，听者也会耳目为之一振。①

与龙相对，凤是人们心目中的瑞鸟，是天下太平的象征。古人认为时逢太平盛世，便有凤凰飞来。“凤”其甲骨文和“风”的甲骨文字相同，即代表风的无所不在，以及灵性、力量的意思；凰即皇字，为至高至大之意。凤凰也是中国皇权的象征，常和龙一起使用，凤从属于龙，用于皇后嫔妃，龙凤呈祥是最具中国特色的图腾。凤也代表阴，尽管凤凰也分雄雌，但一般是将其看作阴性。“凤”“凰”常见于女性名。

基于“贱物易养”的思想，人名中有许多以贱物命名的，其中不乏以常见的体形小的动物命名的情况。如战国到西汉年间的“马牛羊”“陶熊羲”“处羊舌”“鲁竖牛”“窦鸣犊”“秦中羝”“臣犀首”“妾虚豚”“程猪子”“刘狗虎”“苛狗子”“司马狗”“郾白犬”“吕小狗”“公子帆虱”②，今日农家或称小儿为“狗子”“狗娃”“狗剩”“狗蛋儿”一类。

人名中还有不少是用动物部首字来取名的，如由“马” 构成的驹、驰、骋、驱、骞、骐、骥等。这种现象不仅反映了我国古代社会畜牧业十分发达，马在社会生产生活中始终发挥着重要作用，也反映了我国的文化观念和价值观念。在《汉书》中将封疆大臣称为牧伯，韩愈的《马说》则将千里马喻作能臣良才。人们以“马”字为部首来取名，是希望后代子孙能在某一领域上纵横驰骋，甚至是“立马横刀”成为治国才俊。

古今中外，很多文人雅士都有关于动物的比喻，或动物自喻，如外国有杰克·伦敦称自己为“口狼”，斯特林堡以“鹰”为笔名，托马斯被称为“巨狮”，其他如“大象”巴尔扎克，“母狮”乔治·桑，“笨熊”凡尔纳、“凤凰”佩·得·维加；中国有“河豚”梅尧臣，“鹌鸽”郑谷，“白燕”袁凯等。

地名是指一些地物和地域的名称。所谓地物，既包括山、岭、河、湖一类的自然物，也包括通过人类建造利用的一些人工物如运河、道路村庄、城镇等。地域则是

① 周晓燕. 公差类寓名小解[J]. 文艺评论，2012(4)：140.

② 刘钊. 古文字中的人名资料[J]. 吉林大学社会科学学报，1999(1)：60.

由各类自然物与人工物所组成的大小不一、类别有异的区域，包括政区、自然区以及林带、渔场、农庄等等①。简单地说，地名就是地理实体和行政区域的名称。地名和人名一样，是各民族语言中的普遍现象，都是为了满足人们生产生活需要而产生的。② 地名既属于地理学的研究范围，也是语言学的重要研究对象，作为历史文化的一种积淀形式，它反映了民族的地理历史、语言文化，也反映了民族的风俗习惯和道德观念，以及人们对地形地貌及地理位置的认识，也是历史人文变迁的印证，是文化信息的重要载体。

地名是人类进入文明阶段的产物，最早的地名应该就是对图腾崇拜的反映。云南哀牢山有名为"罗摩"（母虎）的村子，附近的山岗名为"纳罗"（黑虎），意为母虎和黑虎的后代居住的村落和山岗，这是因为彝族曾以"虎"为图腾。云南白族以"鹤"为图腾，因此当地有"鹤拓"一名。③ 龙在中国传统文化中有着特殊的含义，汉语中地名中以"龙"命名的比比皆是，例如：安徽六安有龙河口、龙眠山、龙穴山、上龙爪、下龙爪、龙湾、龙郑、九龙、青龙、龙池、龙潭镇、乌龙镇、龙门冲等等④；河南信阳聚落有龙井、来龙、龙台、龙寨、龙潭、龙嘴、龙岗、卧龙、兴龙、九龙、盘龙、龙塘、龙庙、龙窝、引龙、金龙、龙泉寺、擒龙山、黑龙潭、回龙寺、青龙街、白龙岗、乌龙店、卧龙台等等⑤。龙凤呈祥，与龙相对应的是凤，凤也是人们崇拜的对象，六安地名中有凤凰村、凤凰山、凤凰台、凤凰桥、凤凰池等，信阳聚落名称中以"凤"命名的有凤凰、凤台、淮凤、凤淮。此外，千百年来在全国各地流传着许多与动物有关的美丽动人的民间故事、神话传说，这种历史文化折射在地名上就产生了一大批民间传说、神话故事中所涉及的动物命名的地名，如鸡宝峪、凤凰村、朱雀庄等。这些流传下来的地名也折射出传说中这里曾经发生过的故事。

古人择地而居，多观察居住处的地形地貌、特色景观和方位特征而为其命名，而对地貌特征进行描述时经常用动物或其身体器官进行形象化的描述。如西藏地区有九龙山、金牛岭、羊头峪；深圳南山区有蛇口村，该村南高宽北低窄，形似出洞

① 徐兆奎. 中国地名史话[M]. 北京：中共中央党校出版社，1991.

② 黄平. 汉语地名造词法[J]. 现代语文，2008(2)：34.

③ 王国安，王小曼. 汉语词语的文化透视[M]. 上海：汉语大词典出版社，2003.

④ 贺义宏. 六安地名文化研究[D]. 合肥：安徽大学，2011.

⑤ 杨继玉. 信阳地名的语言文化研究[D]. 郑州：郑州大学，2011.

的蛇头，东侧山嘴像张开的蛇口；安徽六安有二虎山（两座形状如虎的山）、蜈蚣堰（该堰形如蜈蚣），该地还有金鸡山、龙眠山、老豹岭、马鬃岭、白马尖、猴子尖、猪头尖、猫岩、燕窝冲、蛤蟆冲、鹭鸶冲、老猫洞冲、白马塘、蚂蝗塘、牛角巷等①。山东泰安有虎山、龟山、白马石、卧牛石等。利用具象性思维根据自然环境和地貌特征来命名是一种形象化的命名方式。

一方水土养育一方人，不同的地理和气候条件孕育了不同的动植物，即所谓的"特产"。有些标志性的物产，后来也成为人们为该地命名的着眼点。如吉林省有马鹿沟镇（早年沟内多马鹿）、蛤蟆塘乡（地势低洼多蛤蟆）、黑鱼泡乡（屯西水泡产黑鱼）、黄鱼圈乡（盛产黄鱼）。安徽六安大别山地区野生动物的种类丰富，与之相应，地名有老鹰案、画眉窝、野猪档、野鸡湾、老虎岭、鹭鸶窝、豹洞山，山东泰安的蝎子山盛产蝎子，鹁鸪崖多野鹁鸽等等。许多地名与古代的社会经济活动密切相关，通过地名，可以瞥见历史上的社会经济生活情况。以北京为例，许多街道和胡同名称同明代、清代的社会经济活动有密切的联系。元代，游牧民族入主中原，带动了畜牧业的繁荣和发展，进而影响了北京人民的经济生活。因而就有了许多带马、羊等的地名。如瘦马营、马甸、马道胡同、马道口、养羊胡同、羊毛胡同、羊尾胡同、羊圈胡同等。还有的地名可看出与牲畜有关的商业交易活动，例如：鲜鱼口、金鱼胡同、马市桥、羊市口、骡马市等。由此可以看出北京畜牧业兴旺发达的历史事实。类似的情况，还出现在宁夏，在宁夏南部也存在着大量与此相关的地名，如牛圈塘、羊圈塘、牧羊湾、黑牛坪、驼羊沟、卧羊川、卧牛坪、羊路沟、羊圈堡、羊坡、羊洼、羊河、羊沟子等②，这类地名是宁夏回族蓄养牛羊的经济特点的重要体现。

6.4　动物词的音节结构与民族心理

汉语词汇的一个显著发展趋势是单音节向双音节的变化，人们一般将这种现象称为汉语词汇的复音化。对于汉语词汇复音化的解释有不同说法。对此丁喜霞总结为语音简化论、外来语影响论、功能论、韵律论、本体论、文化动因论六种。③

---

① 冯志涛. 吉林省地名文化研究[D]. 上海：上海师范大学，2006.

② 李君. 宁夏地名的语言特征与文化本源[D]. 银川：北方民族大学，2010.

③ 丁喜霞. 中古常用并列双音词的成词和演变研究[D]. 成都：四川大学，2004.

杨琳先生是文化动因论的倡导者之一，他在《汉语词汇与华夏文化》中指出：语言既是文化的载体，又是文化的一个组成部分，这就决定了它不仅要反映人们的审美情趣，而且要受使用者审美观念的制约和影响。汉族审美观点的主体是对称和谐，表现在语言上，就是讲究成双成对的语言片段和节奏。① 汉语词汇的复音化正是汉族要求语言形式符合自己审美心理的结果。曹炜先生说："自古以来在讲话作文时（尤其是在书面语言中）惯于以两个音节为一节拍，喜欢成双作对地使用词语。"②冯胜利先生也曾论述过，汉语中最基本的音步是两个音节，双音节是最小的最基本的"标准音步"，单音节是"蜕化音步"，三音节是"超音步"。在一般情况下，"标准音步"有优先的实现权。③ 从文化的角度看，汉族有崇尚对称和谐的心理，汉语构词、用词喜欢成双成对的格式。对此，一些学者也曾经做过分析。《马氏文通》这样论述："古籍中诸名，往往取双字同义者，或两字对待者，较单辞友字其辞气稍觉浑厚。"马建忠认为汉语词汇的复音化与辞气有关，换言之，就是与汉族人在阅读写作中的用词心理有关。大量的语言事实表明，在语词运用的过程中，单音节不断地被扩充为复音节，三音节经常被压缩为复音节，是围绕复音化这一目的而做出的调整。

对《现代汉语词典》收录的 56 000 余条词目进行统计，其中含动物词语的共有 1 915 条，分布情况见表 6.1。

表 6.1 《现代汉语词典》含动物词语分布情况

音节数目分类		条目/条	所占比例/%
单音词		327	17.1
复音词		973	50.8
多音词节	三音节	343	17.9
	四音节	241	12.6
	五音节以上	31	1.6
合计		1 915	100

① 杨琳. 汉语词汇与华夏文化[M]. 北京：语文出版社，1996.

② 曹炜. 现代汉语词汇研究[M]. 北京：北京大学出版社，2004.

③ 冯胜利. 汉语的韵律、词法与句法[M]. 北京：北京大学出版社，1997.

对比表中数据可以看出,现代汉语动物词中复音词占绝对优势,单音词和三音节词所占比例相当。但若除去单音词中的古语词、书面语和方言词,三音节词明显多于单音词。因此从音节角度来看,复音词最多,其次是三音节词和单音词。与汉语复音化的总趋势相一致,动物词也存在着明显的复音化趋势。

汉语中蝴蝶、蜘蛛、蟾蜍、骆驼之类的连绵动物词内部两个音节的组合是紧密的,但如果是节拍需要,在造词时也可将两个音节剥离开来,只用其中的一部分构成新词,即蝶、蛛、蟾,于是就构成了“彩蝶”“粉蝶”“狂蜂浪蝶”“身轻如蝶”“蝶梦”“蛛丝”“蛛网”“蛛尘”“蟾酥”“蟾兔”“蟾宫”“冰蟾”“凉蟾”“寒蟾”“孤蟾”“金蟾”“银蟾”“驼峰”“驼马”等。古汉语中的单音词到了后代有明显的双音化趋势。

如雀,本义是麻雀。《说文》:“雀,依人小鸟也。”段注:“今俗云麻雀者是也。”《诗经·召南·行露》:“谁谓雀无角?何以穿我屋?”《国语》:“赵简子叹曰:‘雀入于海为蛤,雉入于淮为蜃。鼋鼍鱼鳖,莫不能化,唯人不能。’”“雀”皆指麻雀。今河北获鹿地区将麻雀称为“雀儿”,是古义的遗存。麻雀往往巢于人家,而且无论何地,都可以见到它们的身影,北方话中称为“家雀儿”。由于麻雀是人们常见的小鸟,因此人们便用熟悉的麻雀指代其他的鸟,雀于是成了泛指。宋玉《高唐赋》:“众雀嗷嗷,雌雄相失,哀鸣相号。”李善注:“雀,鸟之通称。”今北方大部分地区有“雀儿”一词,泛指鸟儿。“雀”既要成为形体小、行动敏捷的鸟类的类名,又要表示不同类别的小鸟,就不得不加个限定成分,如:“孔雀”义为大鸟,孔是大的意思,亦称“孔鸟”。其他如“燕雀”(又称“黄鸟”)“青雀”“朱雀”“麻雀”(颜色灰麻)“楚雀”等,皆以“雀”为类名。

三音节压缩为双音节的例子也不胜枚举,如标注服装鞋类的颜色时,“驼色”即“骆驼色”的简称,也就是骆驼毛的颜色,有时为了精确起见,还要将驼色分成深浅两类,这时一般不标注“深驼色”“浅驼色”而是直接用“深驼”“浅驼”来表达。其他如:驼背——骆驼背;猩红——猩猩红;蟹青——蟹壳青;蟹灰——蟹壳灰;王浆——蜂王浆;褐鸡——褐马鸡;鹅口——鹅口疮;白虎——白额虎;黑虎——黑毛虎等。

6.5　动物词的语义变迁——以“狗”为例

狗作为被人类驯化比较早的家畜,已经陪伴了人类很长时间。它既可以作为看家的家畜也可以作为人类的宠物、朋友。因中外对狗情感的不同,狗在不同的国家也有着不同的意义。在我国,狗和很多贬义词联系在一起。本节从古代汉语和现代汉语两个角度阐释狗的语义,以及狗在我国的文化义。

6.5.1 古代汉语中的狗

《说文解字》:"狗,孔子曰:'狗,叩也,叩气以守,从犬、句声。古厚切。'"用"叩"解释狗,只是一种探求把"狗"叫作"狗"之缘由的尝试,可以存疑。狗是犬科哺乳动物,听觉、嗅觉极其灵敏,为人类最早驯化的家畜之一,可用于看守门户、大量放牧等,学名为"犬"。《玉篇·犬部》中指出"狗,家畜,以吠守。"狗是家畜的一种,用其狗吠之声代替人们看家护院。

《尔雅·释畜》:"未成豪,狗。"指的是没有长出长毛的小狗崽称为狗。郝懿行《尔雅义疏》:"狗,犬通名,若对文则大者名犬,小者名狗。"后不分大小都称之为狗。《左传·闵公二年》:"归公乘马,祭服五称,牛、羊、豕、鸡、狗,皆三百,与门材。"齐桓公赠送给戴公乘马、技服五套,牛、羊、猪、鸡、狗各三百头,以及做门用的木材。可见狗在这里已以家畜的身份作为礼物赠送给他人。

综上所述,狗在古代主要是作为人类的家畜之一,承担为人类看家护院、放牧狩猎等职责。

6.5.2 现代汉语中的狗

狗,哺乳动物,犬科,学名"犬",为人类最早驯化的家畜之一。听觉、嗅觉都很灵敏,性机警,易受训练,可以用于看家、打猎、放牧、警卫、赏玩等。由此可以看出,狗在古代汉语和现代汉语中的差别不大,主要是作为一种可以帮助人类的家畜而存在。

"狗"作为文化语词在我国文化中来源已久。"文化语词"指的是"在特定的民族、地域、阶层中所具有的或流行着的同特殊的文化现象相联系的、表现特定文化内容的词语"。

在我国的文化语词中,"狗"多以贬义、否定为主,或作为詈语出现。詈语,就是骂人的话,即用粗野或恶意的话侮辱人。它是人类语言交际中最粗俗鄙俚的一部分词语,普遍存在于社会交际群体尤其是民间交际群体中,但这并不意味着它没有积极的一面。

1. 积极义

(1)表示忠实,忠义之意。

例如:

①韩信临刑前感叹:“狡兔死,良狗烹,高鸟尽,良弓藏,敌国破,谋臣亡。”(《史记·淮阴侯列传》)

②高祖曰:“诸君知猎乎？夫猎,追杀兽兔者狗也,而发纵指示兽处者人也。今诸君徒能得走兽耳,功狗也,至如萧何发纵指示,功人也。”(真德秀《大学衍义补》)

例①中的“狗”作褒义使用,韩信以“狗”自喻,表示自己的忠义。例②中,汉高祖借“狗”来形容韩信的功劳之大,无人能及。

(2)表示谦词,自谦。

例如:

①倦客风埃眼,孤臣狗马心 。余寒欺短褐,莫惜酒杯深。(陆游《老去》)

②臣常有狗马病,力不能任郡事。臣原为中郎,出入禁闼,补过拾遗,臣之原也。(司马迁《史记·汲黯列传》)

例①中的“狗马心”,指的是旧时对尊长表示赤诚报效的谦词。例②中的“狗马病”,也可写作狗马疾,是对自己疾病的谦称。

(3)对长辈、晚辈的祝福话语。

例如:

“小柱子,老爷这是祈求老天保佑你日后狗头狗脑的,可以长命百岁。”(曹禺《北京人》第一幕)

例句中的“狗头狗脑”表达了长辈希望小孩子能够健康成长的祝福。我国某个时期有孩子起名若是随意些比较好养活的说法,所以有很多孩子叫“狗剩”“狗蛋”这样和“狗”有关的名字,一方面表示狗深入人们的家庭,成为很普通的一种家养动物,另一方面也说明人们希望孩子能够像小狗一样健健康康、快快乐乐地成长。

2. 消极义

(1)比喻奴相十足、帮别人做坏事的人。

例如：

①这种吃人肉、喝人血的精神果然值得广大人民群众学习，也值得帝国主义者拍手叫好。好狗子勇敢的很。（瞿秋白《乱弹·狗样的英雄》）

②他虽还是黑人，实际上，已脱离了他所属的民族的大众，做了帝国主义的狗爪子。（邹韬奋《萍踪寄语》）

③狗吠非主，啮伤我足。涣惊跸式道，先驱除咎。（《焦氏易林》）

例①中的"狗子"一般用来比喻奴才，坏人。也有些孩童以此作为乳名，这里不做赘述。例②中的"狗爪子"也作"狗腿子"，用以指代帮助别人做坏事的人。例③中的"狗吠非主"是指狗见到不是自己主人的人便吠，也用此来比喻臣奴侍奉，形容凶残的、怀有恶意的。

再如：

④刘易斯只知道自己是个名副其实的强者，不曾防备弱小的对手还有"狗急跳墙 "的绝技。（厦门商报《六大阴谋》2001-04-23 报刊）

⑤唯独美帝国主义及其走狗，却毫不掩饰他们幸灾乐祸的狼心狗肺。（厦门日报《狂风暴雨吓不倒古巴人民》1963-10-22 报刊）

⑥这两大派系的狗咬狗争斗已经从中央扩大到全国的许多帮派。（厦门日报《印度国大党两派狗咬狗争斗激化》1969-10-22 报刊）

⑦这等人玩的是狗气狗生，这种人使的是狗心狗行。（元，无名氏《杀狗劝夫》第三折）

⑧你长着个人样子，肚子里安的是狗下水。（周立波《暴风骤雨》第一部十五）

⑨不要再提及孟母三迁这样的事情。你狗行狼心的东西 。短命相识，恨惹情牵，魂劳梦断，雨约云期。（《全元曲杂剧》）

例④中的"狗急跳墙"比喻不择手段的行动。例⑤中的"狼心狗肺"也可作"狗肺狼心"，形容心肠像狼和狗一样凶恶、狠毒。例⑥中的"狗咬狗"比喻坏人之间的互相残杀。例⑦中的"狗心狗行"比喻歹毒的心肠行为。例⑧中的"狗下水"，是一种方言，指的是狗肚肠，后来用于比喻坏心肠。例⑨中的"狗行狼心"，一般用来指人的行为凶狠，心肠毒辣，多用于古代汉语中。

(2)形容多管闲事。

例如:

陈零本来是要打电话给警局的,不过,这位女士口口声声说她的老公是当官的领导,一时间看不惯,心里寻思着,我狗拿耗子——多管什么闲事啊。(她酷的像冰《都市全异能大师》)

此例中"狗拿耗子"本是歇后语,被用来比喻多管闲事。狗负责看管家门,猫负责抓捕老鼠,狗去捉老鼠,做了不属于自己的那一份工作,自然是多管闲事了。

(3)形容某人的能力不强,或不争气的人。

例如:

①许多蒋军官兵都不服气,有的就背地里咒骂美军顾问是"狗头军师"。(厦门日报《美军在台湾》1957-02-27 报刊)

②由于干得是鸡鸣狗盗之事见不得天日,因此常常采用坑、蒙、骗、赖等手法捞取不义之财。(厦门商报《非法营运的钱赚不得》2001-06-26 报刊)

③只可惜的是被陈老师那狗才,禀告华府高官,一时间竟把尔等抓了去。(汤显祖《牡丹亭 · 仆侦》)

④吉桑有些害羞,行为上颇为不自然,嘴上却说,来的客人大多都是从城里赶来的,自己也谈不上什么交情,掉头就要离开。"吉桑这人真是狗肉不上桌。城里来的也是人啊。"

例①中的"狗头军师"是指常常给人出馊主意的人。例②中的"鸡鸣狗盗"一般指一些微小不足提的技能或者一些偷偷摸摸见不得人、见不得光的行为。例③中的"狗才",也可写作"狗材"。一般用来指不成才的人或品行卑劣的人。例④中的"狗肉不上桌"比喻不争气的人。

(4)比喻淫荡、奢侈、好吃懒做、游手好闲等。

例如:

①"他的这帮狐朋狗友都是些上不了台面的狗油东西,并没有什么本事。"(高文秀《遇上皇》第一折)

②你的妻儿娇生惯养,你的婢仆狗走狐淫。(《游侠传 · 百官志二》)

③谓虽极天下之贵,而退朝燕皇。从容娱乐者,独在于是。狗马声色技巧之奉,不皇及也。(张孝祥《宣州新建御书阁记》)

例①中的“狗油”比喻贪吃懒做、浪荡不安的人。例②中的“狗走狐淫”是指奴婢、仆人之间的卑劣行径。例③中的“狗马声色”是指良犬、骏马、音乐、女色，借这些来指穷奢极侈的享乐。

(5)比喻文章不通顺或事情做得不好。

例如：

①这首诗要是落在王老夫子手里便要连骂其狗屁不通。(程瞻庐《唐祝文周四杰传》)

②“没本事。就知道欺负老婆。还留学生呢，狗屁！”(曹禺《北京人》)

例①中的“狗屁不通”形容说话或文章极不通顺。例②中的“狗屁”用来比喻荒谬低劣、毫无价值的言辞或事物。有时候“狗屁”也可用作骂语词，直接用作骂人的话语。

(6)詈词。

例如：

①“有屁就放，别给我罗嗦，处处假装可怜！本官今天就要看看尔等狗官头上倒是有几个脑袋可够砍得！”(斯仁《李莲英》)

②于红丽面若桃花，右手凌空一挥，暗器腾空而出，嘴里骂道：“一群卖主求荣的狗东西。”(云中岳《侠影红颜》)

例①中“狗”常被赋予卑劣、谄媚的负面象征后，再与“官”结合，通过动物贬义词的叠加强化侮辱性，暗示其谄媚无能。例②中“狗东西”通过泛称“东西”消解人性，配合“狗”的贬义，使“狗东西”成为道德谴责的载体。

3. 小结

罗杰斯曾指出：“青年的从众行为很可能是他在自己的需要被接受与保留其个性这两者之间的一种妥协。尽管他们相信保持个性很重要，但是他们同时也感到为了受欢迎而与同伴保持一致是必要的。”年轻人对新事物有着浓厚的兴趣，其接受能力也很强，在网络时代的冲击下，当网络语言流行开来，为了与同龄人保持一致，他们会跟随大众迅速融入文化潮流，以免落伍，失去和同龄人之间的交流。

当狗的指称从动物指向人时，就会产生经验与现实的矛盾冲突，从而产生自嘲效果。当狗变成了自称，其表面意思和实际意思产生了相悖的现象，听话人出现了心理期望的突然扑空，然而说话人却不认为自己受到了伤害，从而产生新的合作原则，造成反差，达到自嘲、幽默的效果。如："累成狗""论文狗""单身狗"，说话人将自己的现状比喻成狗，当听话人摆脱常规，明白说话人的真正自嘲意图之后，会在一个新的层面上理解其背后的意义，从而达到理解说话人自嘲、幽默的真正意图。

马斯洛的需要层次理论指出，人的需要可以分为七个层次，归属于爱的需求处于第三个层次。当然，人的需要不可能永远得到满足，它们总是和现实之间存在着差距，这种差距会在无意中变成一种精神压力。人们会在努力的过程中，受到环境的影响和自身条件的制约，从而遭受挫折，造成一定的心理压力。如"加班狗"是将自己在生活工作中积聚的精神压力通过比作狗的方式表达出来，表现出自己工作的无奈，在艰辛生活中努力求生存，通过丑化自己的生存状态降低自己的地位，释放心中的压抑，缓解心理的压力，以获得内心暂时的解脱。

人们的交际是否能够顺利进行取决于交际双方是否遵循对话原则。据熊学亮、刘国辉的考察，越是陌生人之间的交流，礼貌程度越高。作为网络语言的"狗"，在网络交际中成为说话方主动降低自我身段的交际手段，使自己处于较低的地位，将听话人放在较高的地位，拉近了双方的心理距离，博得对方的好感，从而顺利展开交流。

6.6　小　　结

在古代，人与动物被统称为"虫"，可见人类与动物关系的密切程度。从远古时代的图腾，到十二生肖，再到那些没有进入生肖行列中的动物，从家禽、家畜到飞禽走兽，再到昆虫、寄生虫，动物世界与民族文化结下了不解之缘。不仅动物本身所具备的丰富象征意义为人们所津津乐道，动物在汉族文化史上的深刻烙印更是有目共睹的。动物所蕴含的意义源于动物本身的形态特征和生活习性，还有一部分意义源于中华民族的生活方式、心理特点、文化传统乃至古老的图腾文化。

人类与动物之间的"互动"早在原始社会就已经开始了，与文明社会相比，在生产力不发达的阶段，人类与动物的关系更为亲密。崇拜"图腾"这种古老的宗教形式是原始文化中的普遍现象，当时人们把某种动物当作自己的祖先或保护神进行崇拜，便产生了动物图腾。在原始社会，人们认为猛兽具备超人的威力，一面畏惧猛兽，一面把猛兽当成避邪之物来达到保护自身的目的。一般说来，不同民族有不同的动物图腾。

无论何种社会形态，动物在人类的社会生活中始终扮演着十分重要的角色。从古至今，以不同的方式渗透在人们的衣食住行之中。甲骨卜辞中的“隻(获)象”“隻(获)白兕”，《诗经》中的“羔羊之皮，素丝五紽”，《晏子春秋》中的“飞鹰走狗”，都是对这种与动物有关的生产、交易和娱乐活动的记录。

我国传统文化中到处可以见到动物的身影，强身健体的“五禽戏”是通过模仿虎、鹿、熊、猿、鸟(鹤)五种动物的身形动作的一种气功功法。书法作品中有潇洒倜傥的“笔走龙蛇”“龙飞凤舞”“银钩蝎尾”，也有会令人颇感贻笑大方的“春蚓秋蛇”“蚓走蟹爬”。我国古建筑中讲究“五脊六兽”，即皇宫、庙宇和达官贵族的屋舍的檐角屋脊上常常排列一些数目不等的用泥土烧制而成的小兽作为装饰，这些美丽的装饰是我国建筑装饰的一大特点。从感性认识上来说，无论是牛、羊、马、猪、狗、鸡之类已被人类驯化的家畜和家禽，还是虎、豹、兔、猴、蛇之类的野生动物，即使是现实中不存在的“龙”“凤”都承载着人们的感性认知和形象化理解，并渗透到社会生活的方方面面。

自然界中的动物数量众多、种类复杂，据王献薄 1994 年统计，被科学家正式命名和描述过的物种约 140 万种。① 新的物种还在不断地被发现。人们在不断地为新物种命名的同时，也利用熟悉的动物来构造新词语以便称说其他事物、表述其他现象。因此，在本书的讨论中，动物词除了包括那些用来称说动物的名词，还包括以此为构词语素而形成的其他词语，如：鹅、鹅蛋、鹅蛋脸。一方面，动物词隐含着重要的民族文化信息，是文化的载体和镜像；另一方面，动物词是词汇系统中一类重要的聚合，无论是相关新词的产生，还是动物词自身词义的发展都有值得关注的特点。因此，在聚焦动物词所承载的文化信息的同时，也应该看到它们在词汇学上的研究价值。

人类的发展和进步始终与动物相依相伴，几乎所有语言中都有丰富的动物词。有些动物在人们的生产生活中发挥着重要的作用，记录这些动物的词语也会在这种语言中留下深深的烙印。这种现象在词汇体系中的具体体现有两个方面：其一，以动物名词为基础建构新词和固定结构，这些词语形象鲜明、生动活泼，大大地丰

① 王献薄. 生物多样性保护与利用的主要研究方向[J]. 自然资源，1994(4)：1-6.

富了词汇系统;其二,基于较高的使用频率,很多动物名词在运用过程中通过联想和比喻产生了新的含义,词义由单一到复杂,这是语言经济性的体现,直接与动物本身的属性和民族文化特点相关。

现代汉语中的动物词以复音词和三音节词居多,从词性角度来看,以名词为主,有少量的动词和形容词。如:

①名词:虎贲、走狗、可怜虫、瓷公鸡、地头蛇(人)。

狮子狗、蜂猴、蜂鸟、狗獾、牛蛙、血吸虫(动物)。

龙眼、凤尾竹、鸽子树、狗尾草、蟋蟀草(植物)。

猫眼、马勺、鹅卵石、斑马线、蛤蟆镜(器物)。

天鹤座、天狼座、双鱼座、大熊座、天蝎座(星座)。

鸡瘟、鱼鳞癣、鼠疸、兔唇、疯牛病(疾病)。

九龙、白虎堂、黄鹤楼、蛇山(地名)。

丹凤眼、鹅蛋脸、田螺眼、耳蜗(人的身体部位)。

鸭蛋、鸡腿、鹅毛、狗腿、龟足(动物的出产物或身体器官)。

②动词:鸟瞰、蜂鸣、龟缩、蛇行、狼顾。

③形容词:蟹青、猩红、鹅黄、鼠灰、鱼肚白、鸡血红、鹦哥绿。

在这些词语的产生过程中,动物的外形特征、生活习性、生存环境、民族文化传统和文化心理都直接左右着人们的思维走向。一般来说,那些用来称说与人类关系密切、接触频繁的动物的词,构造新词的能力更强,这些词语的产生与发展是一个由自然到自觉、由简单到复杂、由低级到高级的过程。例如,汉语中有着丰富的涉马词语,《说文解字》中收录了关于马的年龄、性别、颜色、动作、形貌的词共117个。《现代汉语词典》以"马"为语素的词有164个,如"口马""骒马""骏马""驮马""辕马"标示马的类别;"马鞍""马鞭""马桩""马靴""马裤"表示马具;"马掌""马鬃""马脚""马脸""马奶""马粪"说明马的身体部位或出产物;"马车""马帮""马队""马店"记录了马在交通运输上曾经发挥过的重要作用;"人马""戎马""铁马""招兵买马""马弁""探马"说明马匹曾是重要的作战资源;"马术""赛马""跑马""马道(供人跑马的路)""骗马(上马的花式动作)""马戏"则是马的游戏和娱乐功能的体现。"马"还可以帮助构成动植物和器物名称,如:

动物名称:马骡、马鹿、蓟马、灶马、马鲛、马陆、马蜂、褐马鸡。

植物名称:马薄儿、马兰、马蓝、马莲。

器物名称:鞍马、木马、纸马、竹马、马劄、马桶、马勺。

章炳麟《新方言・释言》:"古人于人物辄冠'马'字,马蓝、马寥、马蝎、马蛀是也。今淮南山东谓大枣为'马枣',广东谓大枣为'马豆'。通言谓大蚁为马蚁。"这说明了马有"大"义,这大概是因为马是家畜中身形较为庞大的。上述"蓟马、灶马、马鲛、马陆、马蜂、褐马鸡、马薄儿、马兰、马蓝、马莲、马勺"的构造理据皆为此。

动物词记录了社会发展过程中人类与动物的亲密互动。近年来,随着新兴事物的不断涌现、特别是网络的普及,动物词在新词语的构造过程中显现了它们在表意上形象生动的优势特点。比如,基于西方传统文化而出现的"牛市"和"熊市",前者指股市前景乐观,股票价格持续上升;后者指股市行情萎靡不振、交易萎缩,指数普遍持续下跌。再如,新浪旅游论坛首先出现的"驴友"一词,是对参加自助旅行、爬山、穿越等户外运动的爱好者的称呼,因"驴""旅""绿"谐音,"驴友"即"旅友""绿友","绿"意指环保、无污染。驴子能驮能背、吃苦耐劳,符合参加户外活动者的性情和外貌特点。"驴友"一词可谓形象生动。又如,"鼠标"是"鼠标器"的简称,它的形状像趴着的老鼠,以"鼠标"为语素又构成了"鼠标垫""鼠标手"。① 计算机技术在不断地革新,鼠标也在不断地升级换代,继光电鼠标之后,市场上又见针光鼠标和指纹鼠标。

通过上述分析可见,常见的动物名词的构词能力很强,是丰富语言词汇、加强语言表达效果不可多得的"建筑材料"。在人类与动物共存的漫长岁月里,动物成为人类最熟悉的生命体和参照物,动物身上的特点和习性很多都与人相似,人们总是能不自觉地将其与自身的优缺点建立联系。这是通过熟悉的、具体的事物去认识陌生的、抽象的概念使人们认识世界、描述事物的基本原则,即所谓"近取诸身,远取诸物"。如:狐狸狡猾便产生了"狐狸精",猪生性懒惰愚笨就有了"蠢猪"。动物词的造词方式和造词理据也是多种多样的,其中的规律是值得研究和关注的。对于这些研究有些学者已经开始了探索之旅,更细致、精密、系统的研究还有待于更多研究者的共同努力。

① 鼠标手:腕管综合征,手腕关节长期密集、反复和过度地活动,导致腕部肌肉或关节麻痹、肿胀、疼痛、痉挛,由于这种疾病常常是长时间操作鼠标引起的,因此也被形象地称为"鼠标手"。

语言的发展是稳固性与变异性的辩证统一，词义往往是由单义向多义发展，这是语言经济性在词汇领域的体现。指称动物名称的词在产生之初都是单义的，随着新生事物的产生，人与人之间交际需求的增加以及语言本身的发展变化，一些词被用来指称新的事物，表达新的概念，进而产生了新的意义，完成了由单义词向多义词的蜕变。

大多数动物词词义的引申历程，都可按图索骥地进行描摹。如：走狗，本指猎狗，如《晏子春秋》："景公走狗死，公令外共之棺，内给之祭。"这是因为善于奔跑的狗是捕猎的好帮手。走狗，也作"使狗走"解，意思是使狗奔跑，是纵狗行猎的活动。在畜牧业占主导和农猎并举的时代，狩猎都是十分常见的社会活动。阶级社会中，这种活动渐渐成为名门望族的纨绔子弟们喜好的娱乐活动和健身活动。六朝以后文献中常用"弋射走狗""飞鹰走狗""放鹰走狗""斗鸡鹜，走狗马""斗鸡走狗"来表达打猎活动。到了唐代，这种活动常跟寻花问柳、泼皮无赖的行为连在一起，成为吃喝玩乐、不务正业的代名词，因此带上了贬义。后来，"走狗"也常用来比喻受人豢养、助纣为虐的帮凶，还可以作为自称谦词使用。①"走狗"的词义引申关系可表示为：猎狗→纵狗行猎→帮凶→谦辞。

有时候，词义的变化过程是自然而然地完成的，其理据性也显得较为抽象。如：象，殷商时期仅表示单一意义，到春秋战国时期产生了"想象"之义，如《说文·象部》："长鼻牙，南越大兽，三年一乳。象耳牙四足之形。"关于这一引申义的产生，《韩非子·解老》："人希见生象也，而得死象之骨，案其图以想其生也，故诸人之所意想者，皆谓之象也。"由于气候和环境的改变，在殷商时期中原地区常见的大象，到了春秋战国时期已经逐渐灭绝，由于科技水平的局限，人们已无法还原大象的真实面貌，只能在头脑中想象着大象的样子。这一历史事实反映到词的意义中就是从殷商到战国"象"的义位增加了，由单义词变成了多义词。根据以上分析，"象"的词义引申关系可表示为：大象→想象。

动物词词义的变化也体现在词义范围的变化上。如：雄和雌，《说文解字·隹部》："雄，鸟父也。从隹，厷声。""雌，鸟母也。从隹，此声。"最初专指鸟类，后来扩

① 此用法明代已见，《万历野获编·卷十七》：【武臣自称】往时浙弁牛姓者，官副总兵，上谒张永嘉相公，自称"走狗爬见"。其甥屠谕德(应峻)耻之，至不与交。《汉语大词典》首引例过晚。

大到兽类、昆虫,乃至无生命的事物和人类。一般来说,雌鸟羽毛稀少、色泽灰暗,少有人注意;雄鸟则多羽毛丰满、色彩绚丽,是人们欣赏和赞美的焦点,如孔雀、野鸡。《诗经·邶风·雄雉》:"雄雉于飞,泄泄其羽。"与鸟类相似,雄性兽类勇猛好斗、攻击性强,雌性则一般柔弱温驯、母性十足。对于昆虫而言,雄虫往往具备"发音"器官,如蛐蛐、蝈蝈等。传统文化中不仅动物可以分雌雄,就连风、彩虹、石头、干支、符契等也都可以分出雌雄来。我国传统文化历来强调天人合一,用雄雌来指人也就不足为奇了。夏完淳《狱中上母书》:"淳死之后,新妇遗腹得雄,便以为家门之幸。"蒲松龄《聊斋志异·夜叉国》:"夜叉益悦,携一雌来妻徐。"由于生理和社会的原因,男性和女性在身高、体质、性格等方面有着明显的差异。男性高大强壮,代表了阳刚之气。与之相应,"雄"就有了高大、雄壮、刚强、勇猛、威武、有力等语素义,由此类推,"雌"也就有了细小、微弱、黯淡之义,这正是蒋绍愚先生所谓的"相因生义"。根据以上分析,"雄"和"雌"的词义引申关系可表示为:

雄:雄鸟→生物中能产生精细胞的、阳性的→强有力的→强有力的人或国家

↓相因生义

雌:雌鸟→生物中能产生卵细胞的、阴性的→柔弱的,弱势的

词义内部运动的基本形式就是引申。动物词词义的引申常常是把动物和人联系在一起。词义是词所代表的事物、现象在人脑中的反映,客观世界中具有联系的事物在人脑中往往形成丰富的联想,顺着这些联想,词义就会发生不同程度的引申和转移,从指称一个事物或现象发展到指称另一个事物或现象。人与动物之间同为生命体的共性,以及共同的生存环境下形成的紧密联系,使得动物的形态、动作、性情、功能等特征很容易被迁移到人的身上。基于人与动物的相似性,汉语中常用龙和凤来喻指杰出人才,用虎和豹来表达威猛凶悍,用鸡和狗指低贱卑微的附属。这种引申还与人的心理认知和文化传统有关。一般来说,心理上人们习惯于用熟悉的事物和现象去定义陌生的事物和现象,进而产生了新的词义。不同语言中,同一动物可能有不同的喻义,同一喻义也可能用不同动物来表达,还可能存在对应不上的语义空缺情况。

参考文献

[1] 曹炜. 现代汉语词汇研究[M]. 北京:北京大学出版社,2004.

[2] 曹炜. 现代汉语词义学[M]. 上海:学林出版社,2001.

[3] 常敬宇. 汉语词汇与文化[M]. 台北:文桥出版社,2000.

[4] 陈宝勤. 汉语造词研究[M]. 成都:巴蜀书社,2002.

[5] 陈家旭. 英汉隐喻认知对比研究[M]. 上海:学林出版社,2007.

[6] 陈建生. 认知词汇学概论[M]. 上海:复旦大学出版社,2008.

[7] 陈梦家. 殷虚卜辞综述[M]. 北京:中华书局,1988.

[8] 陈汝东. 当代汉语修辞学[M]. 北京:北京大学出版社,2004.

[9] 陈原. 社会语言学[M]. 上海:学林出版社,1983.

[10] 陈忠. 认知语言学研究[M]. 济南:山东教育出版社,2006.

[11] 程湘清. 汉语史专书复音词研究[M]. 北京:商务印书馆,2003.

[12] 程湘清. 魏晋南北朝汉语研究[M]. 济南:山东教育出版社,1992.

[13] 崔复爰. 现代汉语构词法例解[M]. 济南:山东人民出版社,1957.

[14] 崔希亮. 汉语熟语与中国人文世界[M]. 北京:北京语言大学出版社,2005.

[15] 崔希亮. 语言理解与认知[M]. 北京:北京语言大学出版社,2001.

[16] 邓炎昌,刘润清. 语言与文化:英汉语言文化对比[M]. 北京:外语教学与研究出版社,1989.

[17] 丁建民. 隐喻[M]. 北京:外文出版社,2001.

[18] 董为光. 汉语词义发展基本类型[M]. 武汉:华中科技大学出版社,2004.

[19] 董秀芳. 词汇化:汉语双音词的衍生和发展[M]. 成都:四川民族出版社,2002.

[20] 费尔迪南·德·索绪尔. 普通语言学教程[M]. 高名凯,译. 北京:商务印书馆,1980.

[21] 冯胜利. 汉语的韵律、词法与句法[M]. 北京:北京大学出版社,1997.

[22] 冯晓虎. 隐喻:思维的基础,篇章的框架[M]. 北京:对外经济贸易大学出版

社,2004.
[23] 符淮青. 现代汉语词汇[M]. 北京:北京大学出版社,1985.
[24] 符淮青. 汉语词汇学史[M]. 合肥:安徽教育出版社,1996.
[25] 符淮清. 语义的分析和描写[M]. 北京:外语教学与研究出版社,2006.
[26] 高名凯,石安石. 语言学概论[M]. 北京:中华书局,1987.
[27] 高明乾,佟玉华,刘坤. 诗经动物释诂[M]. 北京:中华书局,2005.
[28] 高守纲. 古代汉语词义通论[M]. 北京:语文出版社,1994.
[29] 葛本仪. 汉语词汇论[M]. 济南:山东大学出版社,1997.
[30] 葛本仪. 现代汉语词汇学[M]. 济南:山东人民出版社,2001.
[31] 葛本仪. 汉语词汇研究[M]. 北京:外语教学与研究出版社,2006.
[32] 耿占春. 隐喻[M]. 北京:东方出版社,1993.
[33] 郭锦桴. 汉语与中国传统文化[M]. 北京:中国人民大学出版社,1993.
[34] 洪成玉. 古汉语词义分析[M]. 天津:天津人民出版社,1985.
[35] 胡壮麟. 认知隐喻学[M]. 北京:北京大学出版社,2004.
[36] 黄伯荣,廖序东. 现代汉语[M]. 北京:高等教育出版社,2003.
[37] 贾玉新. 跨文化交际学[M]. 上海:上海外语教育出版社,1997.
[38] 蒋磊. 英汉习语的文化观照与对比[M]. 武汉:武汉大学出版社,2000.
[39] 蒋绍愚. 古汉语词汇纲要[M]. 北京:北京大学出版社,1989.
[40] 杰弗里 · N. 利奇. 语义学[M]. 李瑞华,等译. 上海:上海外语教育出版社,1987.
[41] 蓝纯. 认知语言学与隐喻研究[M]. 北京:外语教学与研究出版社,2005.
[42] 李海霞. 汉语动物命名研究[M]. 成都:巴蜀书社,2002.
[43] 李海霞. 汉语动物命名考释[M]. 成都:巴蜀书社,2005.
[44] 李福印. 语义学教程[M]. 上海:上海外语教育出版社,1999.
[45] 李福印. 隐喻与认知:中国大陆出版物注释目录(198—2004)[M]. 北京:中国文史出版社,2004.
[46] 李福印. 应用认知语言学:概念隐喻与意像图式在英语学习中的应用[M]. 北京:中国文史出版社,2004.
[47] 李国南. 辞格与词汇[M]. 上海:上海外语教育出版社,2001.

[48] 李玄伯. 中国古代社会新研[M]. 影印本. 上海:上海文艺出版社,1988.
[49] 刘叔新. 词汇学和词典学问题研究:论文集[M]. 天津:天津人民出版社,1984.
[50] 刘叔新. 词汇研究[M]. 北京:外语教学与研究出版社,2006.
[51] 刘叔新. 汉语描写词汇学[M]. 北京:商务印书馆,1990.
[52] 卢英顺. 现代汉语语汇学[M]. 上海:复旦大学出版社,2007.
[53] 陆善采. 实用汉语语义学[M]. 上海:学林出版社,1993.
[54] 陆宗达,王宁. 训诂与训诂学[M]. 太原:山西教育出版社,1994.
[55] 陆志韦. 汉语构词法[M]. 北京:科学出版社,1964.
[56] 罗常培. 语言与文化[M]. 北京:语文出版社,1996.
[57] 骆小所,李浚平. 艺术语言学[M]. 昆明:云南人民出版社,1992.
[58] 毛茂臣. 语义学:跨学科的学问[M]. 上海:学林出版社,1988.
[59] 马清华. 文化语义学[M]. 南昌:江西人民出版社,2000.
[60] 马清华. 语义的多维研究[M]. 北京:语文出版社,2006.
[61] 潘红. 英汉国俗词语例话[M]. 上海:上海外语教育出版社,2005.
[62] 潘允中. 汉语词汇史概要[M]. 上海:上海古籍出版社,1989.
[63] 彭增安. 隐喻研究的新视[M]. 北京:清华出版社,1997.
[64] 覃先美. 英语动物文化考释[M]. 长沙:国防科技大学出版社,2002.
[65] 任继昉. 汉语语源学[M]. 重庆:重庆出版社,1992.
[66] 任绍曾. 隐喻[M]. 北京:外文出版社,2001.
[67] 任学良. 汉语造词法[M]. 北京:中国社会科学出版社,1981.
[68] 申小龙. 汉语与中国文化[M]. 2 版. 上海:复旦大学出版社,2008.
[69] 申小龙. 中国文化语言学[M]. 长春:吉林教育出版社,1990.
[70] 沈若云. 宜章土话研究[M]. 长沙:湖南教育出版社,1999.
[71] 史存直. 汉语词汇史纲要[M]. 上海:华东师范大学出版社,1989.
[72] 史有为. 汉语外来词[M]. 增订本. 北京:商务印书馆,2013.
[73] 苏宝荣. 词义研究与辞书释义[M]. 北京:商务印书馆,2000.
[74] 苏新春. 汉语词义学[M]. 2 版. 广州:广东教育出版社,1997.
[75] 苏新春. 文化语言学教程[M]. 北京:外语教学与研究出版社,2006.

[76] 苏宝荣,宋永培. 古汉语词义简论[M]. 石家庄:河北教育出版社,1987.
[77] 孙常叙. 汉语词汇[M]. 北京:商务印书馆,2010.
[78] 孙锡信. 汉语历史语法要略[M]. 上海:复旦大学出版社,1992.
[79] 束定芳. 隐喻学研究[M]. 上海:上海外语教育出版社,2000.
[80] 束定芳. 认知语义学[M]. 上海:上海外语教育出版社,2008.
[81] 太田辰夫. 中国语历史文法(修订译本)[M]. 蒋绍愚,徐昌华,译. 北京:北京大学出版社,2003.
[82] 汪丽炎. 汉语修辞[M]. 上海:上海大学出版社,1998.
[83] 王艾录. 现代汉语词名探源词典[M]. 太原:山西人民出版社,1999.
[84] 王艾录,司富珍. 汉语的语词理据[M]. 北京:商务印书馆,2001.
[85] 王德春. 词汇学研究[M]. 济南:山东教育出版社,1983.
[86] 王德春. 多角度研究语言[M]. 北京:清华大学出版社,2002.
[87] 王德春,王建华. 汉英动物名称的国俗同义现象[M]. 上海:上海外语教育出版社,1999,
[88] 王德春,杨素英,黄月圆. 汉英谚语与文化[M]. 上海:上海外语教育出版社,2003.
[89] 王国安,王小曼. 汉语词语的文化透视[M]. 上海:汉语大词典出版社,2003.
[90] 王垂基. 词文化源考[M]. 广州:中山大学出版社,2008.
[91] 王力. 汉语史稿-下册[M]. 新 1 版. 北京:中华书局,1980.
[92] 王宁. 训诂学原理[M]. 北京:中国国际广播出版社,1996.
[93] 王军. 汉语词义系统研究[M]. 济南:山东人民出版社,2005.
[94] 王苹. 汉语修辞与文化[M]. 杭州:浙江大学出版社,2007.
[95] 王希杰. 动物文化小品集[M]. 武汉:湖北教育出版社,1998.
[96] 王希杰. 汉语修辞学[M]. 北京:北京出版社,1983.
[97] 王晓娜. 歇后语和汉文化[M]. 北京:商务印书馆,2001.
[98] 王小莘. 词语源流漫笔[M]. 广州:广东教育出版社,1990.
[99] 王寅. 认知语言学[M]. 上海:上海外语教育出版社,2007.
[100] 王玉鼎. 汉字文化学[M]. 2 版. 西安:西安出版社,2010.
[101] 魏志成. 英汉语比较导论[M]. 上海:上海外语教育出版社,2003.

[102] 温端政. 汉语语汇学[M]. 北京:商务印书馆,2005.
[103] 吴友富. 外语与文化研究[M]. 上海:上海外语教育出版社,2001.
[104] 吴国华,杨喜昌. 文化语义学[M]. 北京:军事谊文出版社,2000.
[105] 武占坤,王勤. 现代汉语词汇概要[M]. 上海:外语教学与研究出版社,1996.
[106] 邢向东. 神木方言研究[M]. 北京:中华书局,2002.
[107] 许威汉. 二十世纪的汉语词汇学[M]. 太原:书海出版社,2000.
[108] 许威汉. 汉语词汇学导论[M]. 修订版. 北京:北京大学出版社,2008.
[109] 徐朝华. 上古汉语词汇史[M]. 北京:商务印书馆,2003.
[110] 徐兆奎. 中国地名史话[M]. 北京:中共中央党校出版社,1991.
[111] 徐正考.《论衡》同义词研究[M]. 中国社会科学出版社,2004.
[112] 邢福义. 文化语言学[M]. 武汉:湖北教育出版社,1990.
[113] 邢福义. 现代汉语[M]. 北京:高等教育出版社,1991.
[114] 熊学亮. 认知语用学概论[M]. 上海:上海外语教育出版社,1999.
[115] 徐通锵. 语言论:语义型语言的结构原理和研究方法[M]. 长春:东北师范大学出版社,1997.
[116] 姚殿芳,潘兆明. 实用汉语修辞[M]. 2 版. 北京:北京大学出版社,2001.
[117] 姚立江,潘兰香. 人文动物:动物符号与中国文化[M]. 哈尔滨:黑龙江人民出版社,2002.
[118] 姚小平. 语言文化十讲[M]. 北京:外语教学与研究出版社,2006.
[119] 杨德峰. 汉语与文化交际[M]. 北京:北京大学出版社,1999.
[120] 杨琳. 汉语词汇与华夏文化[M]. 北京:语文出版社,1996.
[121] 杨升初,李伯超. 汉语语义学论文集[M]. 长沙:湖南人民出版社,1986.
[122] 杨树达. 高等国文法[M]. 上海:商务印书馆,1920.
[123] 杨习良. 语言美学[M]. 哈尔滨:黑龙江教育出版社,1988.
[124] 杨振兰. 动态词彩研究[M]. 济南:山东人民出版社,2003.
[125] 杨振兰. 现代汉语词彩学[M]. 济南:山东大学出版社,1996.
[126] 袁珂. 中国神话史:插图珍藏本[M]. 重庆:重庆出版社,2007.
[127] 乐黛云. 跨文化之桥[M]. 北京:北京大学出版社,2002.
[128] 赵克勤. 古代汉语词汇学[M]. 北京:商务印书馆,1994.

[129] 赵艳芳. 认知语言学概论[M]. 上海:上海外语教育出版社,2001.
[130] 张公谨,丁石庆. 文化语言学教程[M]. 北京:教育科学出版社,2004.
[131] 张辉. 熟语及其理解的认知语义学研究[M]. 北京:军事谊文出版社,2003.
[132] 张敏. 认知语言学与汉语名词短语[M]. 北京:中国社会科学出版社,1998.
[133] 张寿康. 构词法和构形法[M]. 武汉:湖北人民出版社,1981.
[134] 张永言. 词汇学简论[M]. 武汉:华中工学院出版社,1982.
[135] 张永言. 训诂学简论[M]. 武汉:华中工学院出版社,1985.
[136] 张志毅,张庆云. 词汇语义学[M]. 2 版. 北京:商务印书馆,2005.
[137] 章太炎. 国故论衡 · 语言缘起说[M]. 上海:上海古籍出版社,2003.
[138] 章宜华. 语义学与词典释义[M]. 上海:上海辞书出版社,2002.
[139] 郑作新. 中国经济动物志:鸟类[M]. 北京:科学出版社,1963.
[140] 周荐. 汉语词汇结构论[M]. 上海:上海辞书出版社,2004.
[141] 周荐. 词汇学词典学研究[M]. 北京:商务印书馆,2004.
[142] 周荐. 词语的意义和结构[M]. 天津:天津古籍出版社,1994.
[143] 周荐. 汉语词汇研究史纲[M]. 北京:语文出版社,1995.
[144] 周一农. 词汇的文化蕴涵[M]. 上海:上海三联书店,2005.
[145] 周祖谟. 汉语词汇讲话[M]. 北京:外语教学与研究出版社,2006.
[146] 朱星. 汉语词义简析[M]. 武汉:湖北人民出版社,1981.
[147] 卓娜. 训诂学基础[M]. 长春:吉林大学出版社,2012.
[148] 阮元校刻. 十三经注疏附校勘记[M]. 影印本. 北京:中华书局,1980.
[149] 司马迁. 史记[M]. 北京:中华书局,1958.
[150] 刘向. 说苑译注[M]. 北京:北京大学出版社,2009.
[151] 刘向集录. 战国策:三十三卷[M]. 上海:上海古籍出版社,1978.
[152] 扬雄. 方言[M]. 北京:中华书局,1982.
[153] 陈寿. 三国志[M]. 北京:中华书局,1956.
[154] 段成式. 酉阳杂组[M]. 北京:中华书局,1981.
[155] 张鷟,刘餗. 朝野佥载[M]. 北京:中华书局,1979.
[156] 张鷟. 游仙窟[M]. 北京:商务印书馆,1990.
[157] 李善. 文选注[M]. 北京:京华出版社,2001.

[158] 释静筠. 祖堂集[M]. 北京:商务印书馆,1990.
[159] 师旷. 禽经[M]. 北京:中国文史出版社,1999.
[160] 罗愿. 尔雅翼[M]. 合肥:黄山书社,1991.
[161] 黎靖德. 朱子语类[M]. 北京:中华书局,1986.
[162] 中国社会科学院语言研究所词典编辑室. 现代汉语词典[M]. 7 版. 北京:商务印书馆,2005.
[163] 中国社会科学院语言研究所词典编辑室. 倒序现代汉语词典[M]. 北京:商务印书馆,1987.
[164] 普济. 五灯会元[M]. 北京:中华书局,1984.
[165] 朱熹. 楚辞今注[M]. 上海:上海古籍出版社,1985.
[166] 兰陵笑笑生. 金瓶梅词话[M]. 北京:中国文史出版社,2006.
[167] 吴承恩. 西游记[M]. 北京:人民文学出版社,1985.
[168] 罗贯中. 水浒传[M]. 北京:中华书局,1995.
[169] 冯梦龙. 醒世恒言[M]. 北京:人民文学出版社,1956.
[170] 臧懋循. 元曲选[M]. 影印本. 杭州:浙江古籍出版社,1998.
[171] 俞樾. 古书疑义举例五种[M]. 北京:中华书局,1956.
[172] 许慎. 说文解字注[M]. 2 版. 上海:上海古籍出版社,1988.
[173] 郭庆藩. 庄子集释[M]. 北京:中华书局,1961.
[174] 王先谦. 庄子集解[M]. 影印本. 上海:上海书店,1986.
[175] 孙诒让. 墨子闲诂[M]. 北京:中华书局,1986.
[176] 王先慎. 韩非子集解[M]. 上海:上海书店,1986.
[177] 李时珍. 本草纲目[M]. 北京:人民卫生出版社,1995.
[178] 徐珂. 清稗类钞[M]. 北京:商务印书馆,1915.
[179] 曹雪芹. 红楼梦[M]. 北京:人民文学出版社,1973.
[180] 蒲松龄. 聊斋志异[M]. 济南:齐鲁书社,1981.
[181] 翟灏. 通俗编:附直语补证[M]. 北京:商务印书馆,1958.
[182] 李宝嘉. 官场现形记[M]. 北京:人民文学出版社,1957.
[183] 吴沃尧. 二十年目睹之怪现状[M]. 北京:知识出版社,1997.
[184] 屈大均. 广东新语[M]. 北京:中华书局,1985.

[185] 彭定求,等. 全唐诗:九〇〇卷[M]. 北京:中华书局,1960.
[186] 陈奇猷. 吕氏春秋校释[M]. 上海:学林出版社,1984.
[187] 方孝博. 荀子选[M]. 北京:人民文学出版社,1958.
[188] 黄晖. 论衡校释[M]. 北京:中华书局,1990.
[189] 班固. 汉书选[M]. 北京:中华书局,1962.
[190] 唐圭璋. 全宋词[M]. 北京:中华书局,1980.
[191] 王重民. 敦煌变文集[M]. 北京:人民文学出版社,1957.
[192] 吴则虞. 晏子春秋集释:八卷[M]. 北京:中华书局,1962.
[193] 杨伯峻. 春秋左传注[M]. 北京:中华书局,1981.
[194] 杨伯峻. 论语译注[M]. 北京:中华书局,1980.
[195] 杨伯峻. 孟子译注[M]. 北京:中华书局,1982.
[196] 杨伯峻. 列子集释[M]. 北京:中华书局,1979.
[197] 袁珂. 山海经校注:十八卷[M]. 上海:上海古籍出版社,1980.
[198] 蔡娜. 词语的形象色彩研究[D]. 北京:北京语言大学,2007.
[199] 曹燕.《尔雅》动物专名研究[D]. 呼和浩特:内蒙古大学,2007.
[200] 丁喜霞. 中古常用并列双音词的成词和演变研究[D]. 杭州:浙江大学,2005.
[201] 冯志涛. 吉林省地名文化研究[D]. 上海:上海师范大学,2006.
[202] 贺义宏. 六安地名的文化语言学研究[D]. 合肥:安徽大学,2011.
[203] 胡涛. 汉语多义词及其语义桥研究[D]. 烟台:鲁东大学,2007.
[204] 黄碧蓉. 人体词语语义研究[D]. 上海:上海外国语大学,2009
[205] 黄红娟. 汉语词汇负面义研究[D]. 广州:暨南大学,2010.
[206] 李君. 宁夏地名的语言特征与文化本源[D]. 银川:北方民族大学,2010.
[207] 林移刚. 中国崇狮习俗初探[D]. 湘潭:湘潭大学,2004.
[208] 刘福根. 古代汉语詈语小史[D]. 杭州:浙江大学,2007.
[209] 刘丽华.《诗经》动物物象探微[D]. 西安:陕西师范大学,2007.
[210] 孟杰.《现代汉语词典》与《现代汉语规范词典》感情色彩词语研究[D]. 济南:山东师范大学,2008.
[211] 盛超. 汉语动物词语研究[D]. 哈尔滨:黑龙江大学,2005.

[212] 谭宏姣. 古汉语植物命名研究[D]. 杭州:浙江大学,2004.
[213] 徐剑. 汉语词汇借代义研究[D]. 呼和浩特:内蒙古大学,2006.
[214] 吴汉江. 汉语物象词语研究[D]. 苏州:苏州大学,2008.
[215] 王娟. 表十二生肖动物名称的词群研究[D]. 济南:山东大学,2010.
[216] 王薇. 名词动用的认知修辞研究[D]. 上海:上海外国语大学,2008.
[217] 杨继玉. 信阳地名的语言文化研究[D]. 郑州:郑州大学,2011.
[218] 张笑难. 汉语成语中的概念隐喻分析[D]. 北京:北京语言大学,2006.
[219] 赵子阳. 内蒙古西部区方言詈词与民俗文化[D]. 呼和浩特:内蒙古师范大学,2008.
[220] 丛长福. 汉语"多维构成词"的特点及文化意义[J]. 学术交流,1996(2):101-102.
[221] 崔梦楼. 形象色彩词语探析[J]. 石家庄师范专科学校学报,2000,2(1):45-47.
[222] 陈殿玺. 试探词义引申的途径和方式[J]. 古汉语研究,1994(S1):65-67.
[223] 陈芳苹. 浅论凤形象的来源[J]. 南平师专学报,2005,24(1):63-66.
[224] 陈光苏. 词的义项变化与词汇的发展[J]. 济南大学学报(综合版),1992,2(1):34-38.
[225] 陈建初,喻华.《释名》释语中的复音词[J]. 湖南师范大学社会科学学报,2004,33(5):102-105.
[226] 陈兰香. 形象词语及其审美信息[J]. 楚雄师专学报,1998,13(1):41-51.
[227] 陈千百. 四川泸州方言名词后缀深度研究[J]. 泸州职业技术学院学报,2009(1):59-62.
[228] 陈伟武. 骂詈行为与汉语詈词探论[J]. 中山大学学报(社会科学版),1992(4):114-123.
[229] 陈瑶. 近年来现代汉语复合词结构研究述评[J]. 暨南学报(哲学社会科学版),2000,22(5):65-70.
[230] 陈子骄. 词的色彩意义也是修辞意义[J]. 牡丹江师范学院学报(哲学社会科学版),1999(1):57-58.
[231] 程家枢,张云徽. 并列式双音复合名词的字序规律新探[J]. 云南教育学院学

报,1989(1):72-76.

[232] 程志兵.《名词比喻造词》辨正[J]. 中国语文,1997(5):397.

[233] 戴昭铭. 现代汉语合成词的内部结构与外部功能的关系[J]. 语文研究,1988(3):21-28.

[234] 戴昭铭. 一种特殊结构的名词[J]. 复旦学报(社会科学版),1982,24(6):40-45.

[235] 邓周林. 英汉动物词语的隐喻现象研究综述[J]. 法制与经济(下旬),2010,19(6):138-139.

[236] 董银秀,靳琰. 英语动物词嬗变科技语义的隐喻学阐释[J]. 牡丹江教育学院学报,2008(2):33-34.

[237] 董为光. 汉语复合词结构分析若干问题[J]. 语言研究,2009,29(3):95-102.

[238] 董印其. 现代汉语词义研究历史回顾[J]. 汉字文化,2003(3):30-33.

[239] 刁晏斌. 现代汉语词义感情色彩的两次大规模变迁[J]. 文化学刊,2007(6):47-56.

[240] 丁全. 也谈词的构成[J]. 南都学坛,1987,7(3):43-47.

[241] 丁喜霞. 联想构词:同义并列双音词的构成模式[J]. 周口师范学院学报,2006,23(1):122-126.

[242] 丁振芳. 浅析汉语词义的引申[J]. 烟台师范学院学报(哲学社会科学版),1995,12(3):59-61.

[243] 冯立新. 认知隐喻的文化视角研究[J]. 理论月刊,2005(9):47-49.

[244] 胡华.《名词比喻造词》疑点[J]. 中国语文,1997(5):396.

[245] 谭宏姣. 古汉语植物名"胡×"式词义类型初探[J]. 西域研究,2003(3):103-107.

[246] 谭宏姣,王海欧. 东北方言詈语特征浅析[J]. 吉林师范大学学报(人文社会科学版),2009,37(3):61-64.

[247] 胡运飙. 从复音词数据看词汇复音化和构词法的发展[J]. 贵州文史丛刊,1997(2):63-71.

[248] 洪成玉. 词的义层[J]. 首都师范大学学报(社会科学版),1996(1):69-73.

[249] 胡远鹏. 中国《山海经》研究述略[J]. 福建师大福清分校学报,2006,24(3):

1-11.
[250] 黄洁. 名名复合词内部语义关系多样性的认知理据[J]. 语言教学与研究, 2008(6):1-7.
[251] 黄平. 汉语地名造词法[J]. 现代语文(语言研究版),2008(2):34-35.
[252] 黄家芳. “兕”非犀考[J]. 乐山师范学院学报,2009,24(3):81-84.
[253] 黄潇潇.《本草纲目》释名训诂论[J]. 汉字文化,2007,24(5):48-50.
[254] 黄潇潇.《本草纲目》释名训诂探源阐微[J]. 吕梁教育学院学报,2007,24(1):18-20.
[255] 黄荣发,汪长林. 也谈现代汉语词的本义与基本义[J]. 安庆师院学报(社会科学版),1988,7(4):87-91.
[256] 黄月圆. 复合词研究[J]. 国外语言学,1995(2):1-9.
[257] 霍前锋. 谈词的形象色彩[J]. 当代修辞学,1985(1):26-27.
[258] 谭宏姣,张立成.《山海经》植物名的构词特点[J]. 北京林业大学学报(社会科学版),2005(1):73-77.
[259] 蒋绍愚. 词义的发展和变化[J]. 语文研究,1985(2):7-12.
[260] 赖小燕. 湖南宜章新田土话名词词缀研究[J]. 湖南医科大学学报(社会科学版),2008,10(4):226-227.
[261] 蓝仲文. 词的感情色彩[J]. 语文学习,1959(2):32.
[262] 兰毅辉. 从《本草纲目·释名》看中国古代动植物命名的方法[J]. 自然科学史研究,1989(2):166-170.
[263] 黎千驹. 词语语体色彩的锤炼[J]. 思维与智慧,1992(5):47-48.
[264] 龙青然. 比喻造词的形象色彩[J]. 逻辑与语言学习,1993(1):46-48.
[265] 龙青然. 半喻式词语例析[J]. 邵阳师专学报,1995(3):68-72.
[266] 李海霞. 词义的褒贬度[J]. 语文建设,2005(5):53.
[267] 李禄兴. 试论古汉语借代造词法[J]. 佳木斯师专学报,1995,13(2):57-60.
[268] 李巧兰. 试论词的主观色彩义[J]. 辞书研究,2005(1):47-53.
[269] 李仁孝. 论词的形象表现[J]. 内蒙古大学学报(哲学社会科学版),1990,22(3):50-55.
[270] 李如龙. 汉语词汇衍生的方式及其流变[J]. 河北师范大学学报(哲学社会科

学版),2002,25(5):68-76.
[271] 李瑞群.简论词语的形象色彩[J].固原师专学报,1994,15(1):64-67.
[272] 李润桃.说“雌”、“雄”[J].新闻爱好者(下半月),2009(8):164-165.
[273] 李娴霞.关于新时期汉语词汇发展现象的扫描与分析[J].河北学刊,1995,15(2):70-74.
[274] 李行健.从“救火”谈释词[J].辞书研究,1981(4):267-269.
[275] 李行健.关于“养病、打抱不平”等词语的结构[J].语文研究,1982(2):61-68.
[276] 李运熹.试论比喻造词法[J].宁波师专学报(社会科学版),1982,4(3):82-87.
[277] 李振东,张丽梅,韩建.古汉语双音复合词理论研究的历史与现状述评[J].佳木斯大学社会科学学报,2007,25(1):74-76.
[278] 栗臻.汉语造词法研究综述[J].怀化学院学报,2009,28(4):85-87.
[279] 梁艳.关于词语的形象色彩的探讨[J].南宁师范高等专科学校学报,2000,17(3):21-23.
[280] 良山.汉语词汇的临时变异与历时变化[J].临沂师专学报,1994,16(3):77-81.
[281] 刘禾.谈古代汉语几种词源造词法[J].东北师范大学学报,1988(4):100-105,73.
[282] 刘国潭,赖积船.“蝴蝶”新考[J].当代教育理论与实践,2011,3(6):118-119.
[283] 刘继超.“肉夹馍”:一种特殊的语言现象[J].人文杂志,1997(2):119-121.
[284] 刘兰民.试论影响汉语造词的因素[J].语言文字应用,2005(S1):120-122.
[285] 刘萍.“蝴蝶”考[J].中国语文,1999(6):450-453.
[286] 刘叔新.论词语的意味[J].语言教学与研究,1993(1):86-99.
[287] 刘文婷.《金瓶梅》中詈语的文化蕴含与明代市民文化[J].宁夏大学学报(人文社会科学版),2000,22(3):23-27.
[288] 刘玉屏.词的形象色彩论析[J].襄樊学院学报,2002,23(3):40-44.
[289] 刘钊.古文字中的人名资料[J].吉林大学社会科学学报,1999,39(1):

60-69.
[290] 刘宗迪.烛龙考[J].民间文化论坛,2005(6):16-36.
[291] 谭景春.名形词类转变的语义基础及相关问题[J].中国语文,1998(5):368-376.
[292] 鲁国尧.创造新词的心路历程[J].语言教学与研究,2005(1):8-15.
[293] 吕晓玲.莱芜方言词缀研究[J].山东行政学院 山东省经济管理干部学院学报,2010(1):124-126.
[294] 马春玲.谈词的形象色彩的两个问题[J].萍乡高等专科学校学报,1997,14(2):29-30.
[295] 马春玲.谈谈区别词的感情色彩的方法[J].萍乡高等专科学校学报,1994,11(1):35-36.
[296] 马琳.试论汉语词语的形象色彩及其表达功能[J].南昌大学学报(人文社会科学版),2003,34(2):126-130.
[297] 孟德腾.汉语具象性复合词初探[J].晋中师范高等专科学校学报,2004,21(3):187-190.
[298] 彭迎喜.几种新拟设立的汉语复合词结构类型[J].清华大学学报(哲学社会科学版),1995,10(2):34-36.
[299] 钱近.说"脚"构词语系列及其文化内涵[J].语文月刊,1996:35-36.
[300] 乔全生.山西方言的几个詈词后缀[J].方言,1996,18(2):130-136.
[301] 曲赞坤,宋海鹰.论隐喻的特点及应用[J].理论界,2005(6):187-188.
[302] 汪同薰.谈谈词义褒贬[J].语文学习,1955(3):60-63.
[303] 沈怀兴.汉语偏正式构词探微[J].中国语文,1998(3):189-194.
[304] 沈阳.现代汉语复合词的动态类型:谈语言教学中的一种词汇/语法单位范畴[J].语言教学与研究,1997(2):25-41.
[305] 史锡尧.名词比喻造词[J].中国语文,1996(6):413-416.
[306] 史锡尧.借代手法造词探索[J].修辞学习,1994(5):23-24.
[307] 盛九畴.《本草纲目》中"释名"的词源学价值[J].语文研究,1993(3):7-11.
[308] 苏新春.关于《现代汉语词典》词汇计量研究的思考[J].世界汉语教学,2001,15(4):39-47.

[309] 宋志玛. 谈《山海经》中的蛇形象[J]. 衡水学院学报,2009,11(2):33-35.
[310] 宋永培.《说文》与先秦文献词义[J]. 青海师范大学学报(哲学社会科学版),1992,14(2):93-100.
[311] 孙维张. 略论词义的形象色彩[J]. 吉林大学社会科学学报,1981,21(5):87-94.
[312] 孙云,王桂华. 比喻构词当议[J]. 天津师大学报,1982(6):80-84.
[313] 谭达人. 褒贬词的判定标准问题[J]. 语文建设,1991(5):7-9.
[314] 谭宏姣. 词义引申的研究视角初探[J]. 松辽学刊(社会科学版),2000,28(1):76-78.
[315] 谭宏姣. 论同源词系联比较法与古汉语植物命名探求[J]. 北京林业大学学报(社会科学版),2010,9(2):141-144.
[316] 王化鹏. 词义的感情色彩刍议[J]. 汉语学习,1994(5):30-31.
[317] 王宁. 训诂学与汉语双音词的结构和意义[J]. 语言教学与研究,1997(4):11-22.
[318] 王苹. 形象词语的显象方式及审美功能[J]. 修辞学习,2004(3):49-51.
[319] 王建莉.《尔雅》辨释文化同义词的方法[J]. 广播电视大学学报(哲学社会科学版),2008(3):101-104.
[320] 王建莉.《尔雅》动物专名的原始特征[J]. 汉字文化,2003(2):47-50.
[321] 王建莉.《尔雅》训诂形式与同义词的判定[J]. 内蒙古师范大学学报(哲学社会科学版),2009,38(3):95-98.
[322] 王建莉.《尔雅》在同义复合词研究中的利用价值[J]. 内蒙古大学学报(人文社会科学版),2004,36(2):72-76.
[323] 王建莉. 论《尔雅》的“求同”训解与“同一性”思想[J]. 内蒙古社会科学,2004,25(2):92-95.
[324] 王建莉. 论《尔雅》同义词内部地位的不等同性[J]. 贵州大学学报(社会科学版),2004,22(3):82-86.
[325] 王建莉. 论《尔雅》名物词的同义层次性[J]. 内蒙古师范大学学报(哲学社会科学版),2010,39(4):130-132.
[326] 王琼,辜夕娟. 汉语“马”的隐喻认知及文化内涵[J]. 昭通师范高等专科学

校学报,2011,33(3):52-56.
[327] 王青.浅说《诗经》中的鸟、鱼和鹿[J].铜陵学院学报,2007,6(2):82-84.
[328] 王卫峰.联绵词的词源探求[J].学术交流,2010(2):162-165.
[329] 王献薄.生物多样性保护与利用的主要研究方向[J].自然资源,1994(4):1-2.
[330] 王政红.复合词结构的语法属性问题[J].苏州大学学报,1998,19(2):70-73.
[331] 王政红.略论现代汉语多义词的语义体系[J].苏州大学学报,1989,10(S1):70-73.
[332] 魏书娟.中国犬文化溯源[J].新乡学院学报(社会科学版),2011,25(1):74-75.
[333] 吴雪峰,欧阳伟华.略谈词语形象感及其功能[J].和田师范专科学校学报,2007,27(5):54-55.
[334] 伍铁平.论词义、词的客观所指和构词理据:语义学中命名理论的一章[J].现代外语,1994,17(1):1-7.
[335] 晓航.壮语形象性词语的形象色彩及结构特点[J].广西民族研究,1989(4):138-140,137.
[336] 项梦冰.试论汉语方言复合词的异序现象[J].语言研究,1988,8(2):81-94.
[337] 向柏松.中国龙的形成与水神崇拜[J].长江大学学报(社会科学版),2007,30(4):8-13.
[338] 萧黎明.从郭璞注看名词“子”尾的产生[J].中国语文,1997(4):314.
[339] 谢永芳.“词汇的构成”研究述论[J].汉语学习,2003(3):35-40.
[340] 邢向东.词义褒贬新探[J].云南师范大学学报(哲学社会科学版),1985,17(5):58-62.
[341] 徐慧文,李培花.汉语词汇与汉族传统思维关系浅探[J].滨州师专学报,1997,13(1):24-26.
[342] 许皓光.词义的跃迁及其心理机制[J].沈阳师范学院学报(社会科学版),1989(1):4.
[343] 郭锡良.汉语的同源词和构词法[J].湖北大学学报(哲学社会科学版),

2000,27(5):62-65.

[344] 徐通锵. 核心字和汉语的语义构辞法[J]. 语文研究,1997(3):2-16.

[345] 徐正考. 论汉语词汇的发展与汉民族历史文化的变迁[J]. 吉林大学社会科学学报,1994(1):86-89.

[346] 徐正考,张烨. 一种特殊的偏正式复合名词[J]. 苏州大学学报(哲学社会科学版),2011,32(5):151-156.

[347] 徐正考,周晓燕. "寓名"说略[J]. 社会科学辑刊,2011(2):213-216.

[348] 徐志成. 义素分析与多义词释义[J]. 安徽大学学报,1990(3):100-104.

[349] 徐志民. 关于词的感情色彩的几个问题[J]. 语言教学与研究,1980(3):51-58.

[350] 许威汉. 论汉语词汇体系[J]. 古汉语研究,1989(4):1-7.

[351] 许光烈. 汉语词的理据及其基本类型[J]. 内蒙古民族师院学报(哲学社会科学版),1994,20(1):70-75.

[352] 薛梅. 词语的形象功能与修辞审美[J]. 平原大学学报,2006,23(4):84-86.

[353] 严修鸿. 也谈"蝴蝶"命名的理据[J]. 中国语文,2002(2):153-155.

[354] 晏颖,薛欢,黄文学.《本草纲目》所见双字格中药名称的构词法[J]. 河北理工大学学报(社会科学版),2010,10(5):118-120.

[355] 杨爱芬,冯丽娜,毛俊萍. 词语的形象色彩与词汇教学[J]. 天津大学学报(社会科学版),2002,4(4):313-315.

[356] 杨爱姣. 近代汉语三音词发展原因试析[J]. 武汉大学学报(人文科学版),2000,53(4):568-571.

[357] 杨灿. 现代汉语新词语的色彩研究[J]. 湖南科技大学学报(社会科学版),2008,11(5):93-96.

[358] 杨振兰. 从词的形象色彩看词义引申[J]. 山东大学学报,1991(1):15-20.

[359] 杨振兰. 从造词看词的色彩意义[J]. 山东大学学报(哲学社会科学版),2005(1):126-131.

[360] 杨振兰. 词的动态色彩意义与句法结构、语义结构和语用结构[J]. 山东大学学报(哲学社会科学版),2001(4):39-45.

[361] 杨振兰. 词的色彩意义历时演变试析[J]. 山东大学学报(哲学社会科学

版),2003(3):43-46.
[362] 杨振兰. 从造词看词的色彩意义[J]. 山东大学学报(哲学社会科学版),2005(1):126-131.
[363] 杨振兰. 论一词多彩[J]. 文史哲,1997(5):95-97.
[364] 杨振兰. 浅谈感情色彩词的语用模式及修辞效果[J]. 修辞学习,1999(5):16-17.
[365] 杨振兰. 色彩意义与语境的关系[J]. 世界汉语教学,2000,14(2):37-42.
[366] 杨振兰. 色彩意义义素分析刍议[J]. 汉语学习,2001(2):41-44.
[367] 杨振兰. 色彩意义演变发展的语言诱因[J]. 文史哲,2003(5):109-113.
[368] 杨振兰. 新时期新义衍生形成的多义词[J]. 文史哲,2007(4):141-146.
[369] 杨振兰. 形象色彩与修辞[J]. 山东社会科学,1997(6):93-96.
[370] 喻遂生,郭力.《说文解字》的复音词[J]. 西南师范大学学报(人文社会科学版),1987,13(1):123-136.
[371] 俞建梁,黄和斌. 原型范畴理论的缺陷与不足[J]. 外语学刊,2008(2):36-39.
[372] 袁庆德. 早期汉语造词法新探[J]. 殷都学刊,2002,23(1):102-106.
[373] 苑春法,黄昌宁. 基于语素数据库的汉语语素及构词研究[J]. 世界汉语教学,1998,12(2):8-13.
[374] 张春生. 说"凤皇"[J]. 福建师大福清分校学报,2008(3):8-9.
[375] 张联荣. 词义引申中的遗传义素[J]. 北京大学学报(哲学社会科学版),1992,29(4):84-92.
[376] 张连伟. 中国古代森林动物文献史料述要[J]. 湖南科技学院学报,2011,32(3):75-79.
[377] 张玲玲. 隐喻的认知本质及其文化阐释[J]. 洛阳大学学报,2005,20(3):46-47.
[378] 张能甫. 汉语基本词汇研究的回顾与展望[J]. 四川师范大学学报(哲学社会科学版),1999(2):88-93.
[379] 张金梅. 现代汉语外来词研究述评[J]. 阴山学刊,1996(4):34-39.
[380] 张苏榕. 中国传统思维方式与汉语词汇[J]. 盐城师专学报(哲学社会科学

版),1999,19(2):10-11.
[381] 张学贤.修辞构词法与古汉语词汇丰富发展的关系[J].浙江师范大学学报,1988,13(1):64-68.
[382] 张凯.汉语构词基本字的统计分析[J].语言教学与研究,1997(1):43-52.
[383] 张燚.关于词的非理性色彩研究[J].新疆师范大学学报(哲学社会科学版),1996,17(3):72-79.
[384] 张燚.词的非理性色彩的性质与类型[J].新疆教育学院学报,1996(3):24-27.
[385] 张之杰.狻麑、师子东传试探[J].中国科技史料,2001,22(4):363-367.
[386] 章虹.动物语词三题[J].武当学刊,1997,17(3):13-19.
[387] 章康美.略谈词语的形象色彩[J].赣南师范学院学报,2004,25(4):86-87.
[388] 章炎.浅谈词语的感情色彩[J].辽宁大学学报(哲学社会科学版),1983,11(5):92-96.
[389] 赵秀林.鼷鼠小议[J].沧州师范专科学校学报,2009,25(1):24-25.
[390] 周荐.比喻词语和词语的比喻义[J].语言教学与研究,1993(4):145-155.
[391] 周荐.并列结构内词语的顺序问题[J].天津师大学报,1986(5):87-91.
[392] 周荐.词的表达色彩的性质和类别[J].天津社会科学,1993(6):91-93.
[393] 周荐.几种特殊结构类型的复合词[J].世界汉语教学,1992,6(2):108-110.
[394] 周荐.试论词的感情色彩及其构成方式[J].天津社会科学,1985(3):76-80.
[395] 周荐.也谈词语的形象色彩问题[J].南开学报,1992(5):6.
[396] 周荐.语素逆序的现代汉语复合词[J].逻辑与语言学习,1991(2):36-38.
[397] 周路红.《本草纲目》释名探析[J].山西中医学院学报,2001,2(1):14-15.
[398] 周士琦.《山海经》"孟极"即"雪豹"考[J].中国科技史料,1991,12(2):84-87.
[399] 周晓燕.公差类寓名小解[J].文艺评论,2012(4):140-141.
[400] 朱茂汉.名词前缀"阿"和"老"的形成和发展[J].安徽师大学报(哲学社会科学版),1983,11(4):88-94.
[401] 朱景松.现代汉语中义项平行的多义复合词[J].语文建设,1992(1):23-25.
[402] 朱淑姣.夔龙纹小考[J].河南商业高等专科学校学报,2011,24(2):89-91.

[403] 竺家宁. 中古汉语的"儿"后缀[J]. 中国语文,2005(4):346-354.

[404] 曾良."草马"探源[J]. 中国语文,2001(3):283.

[405] 曾良. 社会与词汇的动态发展[J]. 九江师专学报,1992,11(1):20-24.

[406] 解海江,张志毅. 谈《现汉》对义位褒贬陪义的标注[J]. 辞书研究,2003(6):6-13.

[407] 解正明. 词义研究与语文词典释义[J]. 辞书研究,2002(3):38-45.